# 移动产品设计实战宝典

优逸客科技有限公司　编著

机械工业出版社

本书针对当前移动互联网行业对于互联网产品设计所提出的新要求提供了学习和解决方案。本书从移动互联网行业实际出发，体现了当前以移动互联为主的行业特点以及用户在整个产品设计与研发过程中所起到的重要作用，在基于 UCD（以用户为中心）的产品设计方法的基础上，介绍了包括移动端、PC 端的用户研究、交互、视觉、运营等多个领域的知识，还为读者着重介绍了进行移动产品设计的具体流程和方法。

本书可以作为设计人员、自学者、爱好者的参考书，也可以作为各大院校相关专业的教学用书。

## 图书在版编目（CIP）数据

移动产品设计实战宝典 / 优逸客科技有限公司编著 . —北京：机械工业出版社，2018.10

ISBN 978-7-111-61056-4

Ⅰ . ①移⋯　Ⅱ . ①优⋯　Ⅲ . ①移动终端－应用程序－程序设计

Ⅳ . ①TN929.53

中国版本图书馆 CIP 数据核字（2018）第 227482 号

机械工业出版社（北京市百万庄大街 22 号　邮政编码 100037）
策划编辑：丁　诚　　责任编辑：丁　诚　范成欣
责任校对：张艳霞　　责任印制：李　昂

北京瑞禾彩色印刷有限公司印刷

2018 年 11 月·第 1 版·第 1 次印刷
169mm×239mm·14 印张·266 千字
0001－3000 册
标准书号：ISBN 978-7-111-61056-4
定价：69.00 元

# 序

随着移动互联时代不断地发展和变化，互联网从业者可以明显地发现移动互联网行业已开始从浮躁与泡沫逐步回归于产品研发和人才选用的理性期。看到这种情况，我们并不能武断地认为移动互联的发展已经趋于饱和，其本质原因是行业的发展对于人才的需求进入了一个新时期和新高度之后，需要互联网设计从业者能够更加清醒地认识互联网发展的脉络，以及自己所处时代对自己的从业要求有哪些新的变化。只有清楚这些问题的答案才会跟着移动互联时代不断地成长和壮大。

本书基于互联网思维、交互设计、可用性原则以及产品和用户之间微妙关系等基础，为各位读者着重介绍在移动互联时代该如何完成自身的职业发展以及对于行业清晰的阅读和分析，并找到适合自己的专业技能新方向。

本书主要针对即将进入当今移动互联网行业的设计从业者，以及投身移动互联网行业工作的初级设计从业者，希望能通过这样一个平台帮助广大互联网从业者更准确地认识移动互联网在发展中对于设计从业者带来的新机遇和新挑战。同时，也希望能够帮助互联网设计从业者完成更全面和准确的专业技能职业规划路线。

优逸客科技有限公司成立于 2013 年，总部位于山西省太原市，由国内顶尖的互联网技术专家共同创立。优逸客是国内互联网前端开发实训行业的"拓荒者"，是企业级产品设计"方案提供商"，是中国 UI 职业教育的"知名品牌"。公司的互联网技术实训体系是历时一年的深度调研并结合企业对人才实际需求研发而成的，在此基础上配以完善的职业规划体系、规范的人才培养流程和标准，从而培养出互联网高端技术人才。

经过 5 年的发展，公司已先后在北京、山西、陕西等区域建立了互联网人才实训基地，已为我国培养出 5000 余名互联网高端技术人才。在未来，我们将继续秉承"专注、极致、口碑"的文化理念，向国内顶尖的互联网人才培养公司的方向发展。

# 前　　言

　　本书主要阐述当前移动互联网行业的发展中的现状以及移动互联时代的发展带给设计从业者的新挑战及新机遇，从互联网行业出发，从互联网思维、交互设计的基本工作流程、视觉设计的基本工作流程以及移动产品和市场，用户及后期运营之间的关系展开讨论和总结。

　　对于正处在沉淀期的设计师，不应该盲目地规划自己的职业发展方向，需要理性地了解移动互联时代发展到这个阶段，对于设计从业者的标准是什么，产品现在发展到哪个阶段，这都需要互联网设计师有清醒的认识。互联网设计师不但要夯实自身的专业技能和专业素养，同时也要了解各个传统行业的发展模式以及行业的特点。

　　本书之所以能顺利完成，首先要感谢优逸客科技有限公司创始人、总经理张宏帅和创始人、实训总监严武军，张老师和严老师高瞻远瞩，严谨细心，在本书的编写过程中提出了很多宝贵的意见和建议，也对本书内容框架的宏观设计给予了非常有益的指导和鞭策，并为整个编写团队提供了宝贵、充足的支持以及极大的信任。

　　其次要感谢优逸客公司实训部设计总监刘钊老师的具体指导和规划，他在本书的编写过程中负责内容的筛选和把控，并为全书提供了大量关于互联网思维的总结、设计师职业发展经验、关于视觉界面的资料以及交互设计、服务设计等相关参考文档、项目作品，他还亲自参与本书的编写。

还要感谢优逸客实训与实施发展部 UI 设计组中其他参与编写的人员，他们分别是：优逸客 UI UX 组组长索晓勇，优逸客平面设计组组长张琳云，优逸客星级布道师胡若男，优逸客星级布道师郝静，优逸客星级布道师孙宇微的专业付出（排名不分先后）。

最后要感谢优逸客 UI 设计的学员们为本书提供的宝贵的项目资料以及 GUI 作品。

由于编者水平有限，书中错误之处在所难免，恳请广大读者批评指正。

编　者

# 目录

# 第 1 章

# 互联网的新时代——移动互联

## 1.1  移动互联产生的时代背景及其特点

世界在不断地发生变化，人类文明在不断进步，无论是方兴未艾的新科技革命，还是无处不在的互联网和经济全球化、区域经济一体化，都在迅速加快人类文明的前进步伐，同时也在深刻地改变着人类的生产方式、生活方式、思维模式。

科学技术的发展不断地提高着人类对世界的认识和改造的能力。科学技术以其独有的魅力推动着人们前进，它对社会各个方面的发展已经产生了强烈而深刻的影响。

20 世纪 40 年代中期（即 1946 年），美国宾夕法尼亚大学电工系为美国陆军军械部阿伯丁弹道研究实验室研制了一台用于炮弹弹道轨迹计算的"电子数值积分和计算机"。这是世界上第一台计算机（见图 1-1），它的问世标志着计算机时代从此拉开序幕。

图 1-1　ENIAC——世界上第一台通用计算机

随着第一代计算机的诞生，计算机科学已成为一门发展快、渗透性强、影响深远的学科，计算机产业已在世界范围内已经发展成为具有战略意义的产业。随着计算机产业的蓬勃发展，互联网这一新兴产业也迅速发展起来，并且不断深入人们的生活，如图 1-2 所示。

图 1-2　互联网浪潮图

随着科技、经济的快速发展，互联网的技术、平台、商业模式与移动通信技术相结合，产生了移动互联，利用互联网可以促进各行各业的快速发展。"互联网+"战略的本质就是运用互联网等信息技术改造传统产业和商业模式，实现以消费者为核心的"C 驱动 B"商业模式。"互联网+"战略是对传统生产方式的解构与重组，对产业结构进行全方位的调整，使生产效率飞速提高。
"互联网+"战略图如图 1-3 所示。

图 1-3 "互联网+"战略图

在互联网的高速发展下，2015 年，全球互联网用户已经超过 30 亿（见图 1-4），互联网全球渗透率达到 42%。

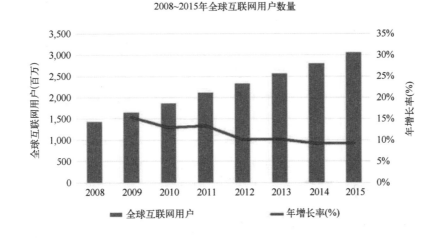

图 1-4 2008～2015 年全球互联网用户数量图

CNNIC 发布的中国互联网络发展状况统计调查显示，截至 2016 年 6 月，我国网民规模达到 7.1 亿，其中手机网民规模达 6.56 亿，手机在上网设备中已占据主导地位。移动设备上网的便捷性，降低了互联网的使用门槛，移动互联网应用服务不断丰富，与用户的生活、工作、消费、娱乐需求紧密贴合，推动了 PC 网民持续快速向移动端转移，如图 1-5 所示。

图 1-5　中国手机网民规模及其占网民比例图

在互联网时代下，只有将互联网与实体经济深度融合，才能实现更大范围的平等与共享。随着"互联网+"国家战略的进一步推进，电商、体育、金融、医疗、教育等各行各业都与互联网紧密结合，传统企业也在进行产业结构调整。随着各行各业纷纷互联网化，互联网与实体经济找到了优势互补的契合点，并引发全行业的广泛创新和变革。

数字经济对于经济快速发展、劳动生产率提高、新市场培育和产业新增长点、实现包容性增长和可持续增长都有重要作用。而近几年我们较熟悉的一些词语：互联网、云计算、大数据、物联网、金融科技等在互联网的社会发展轨迹上改变了很多社会的互动方式，在信息采集、存储、分析和共享过程中产生了巨大作用。

"互联网+"正在全面应用到第三产业，形成了互联网新生态，如互联网金融、互联网交通、互联网医疗、互联网教育等，而且同时在向第一产业和第二产业渗透。"互联网+"企业，其实就是企业模式、管理模式、生产模式、营销模式 4 个方面互联网化。

企业利用互联网技术来发现自身需求、降低沟通成本、优化流程、提高效率、改变员工思维模式以及利用互联网模式来开辟新的业务。企业必须以互联网思维去改造品牌，用互联网的思维去改造传统行业，把企业和产品都放在互联网上进行营销推广，实现传统企业的转型。

"互联网+"不是对传统行业的颠覆，而是将互联网思维融入传统行业的发展过程中，找到产业全面转型升级的切入点，促使传统产业焕发出新的活力与生命力，走出一条互联网创新驱动高效发展的新道路。

## 1.2　移动互联时代的新思维

人类的社会生活都是有规律的，想要对其有更透彻的理解，就必须分析其中的规律。互联网的到来是这个时代的必然，互联网的蓬勃发展更是时代的宿命。互联网虽然有着繁杂多样的外在表现形式，但左右其发展的，是运行在其中的种种规律。下面介绍一些主要的互联网思维及规律。

### 1.2.1　摩尔定律

摩尔定律：价格不变时，每 18 个月，计算机等 IT 产品的性能会提升一倍；或者说，相同性能的计算机等 IT 产品，每 18 个月价格会降一半。

当然在当今社会往往不到 18 个月就会出现新的产品，性能会提升不止一倍，价格会更低。所以互联网时代所有的东西必须要快，互联网思维也好，互联网企业也好，要快速地响应，否则就面临淘汰。摩尔定律图如图 1-6 所示。

图 1-6　摩尔定律图

### 1.2.2　安迪比尔定律

安迪比尔定律是对 IT 产业中软件和硬件升级换代关系的概括。原话是 "Andy gives, Bill takes away."（安迪提供什么，比尔拿走什么）。安迪指英特尔前 CEO 安迪·格鲁夫，比尔指微软创始人比尔·盖茨。这句话的意思是，硬件提高的性能，很快就被软件消耗掉了。

例如，计算机的 CPU 即使从酷睿 i5 升级到酷睿 i7，但是开机速度也没有大幅提升。处理器的速度已经翻一番，计算机的硬盘容量和内存以更快的速度在增长。但是，微软的 Windows 操作系统等应用软件系统占用资源越来越多，也越做越大。安迪比尔定律图如图 1-7 所示。

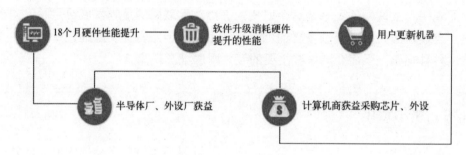

图 1-7　安迪比尔定律图

### 1.2.3　反摩尔定律

反摩尔定律是 Google 前 CEO 埃里克·施密特提出的：如果你反过来看摩尔定律，一个互联网公司如果今天和 18 个月前卖掉同样多、同样的产品，则它的营业额就要降一半。

所以说互联网公司每年都要进行新产品发布，如果没有发布新的产品，依旧卖原来的产品，营业额就要降一半。对于所有的互联网公司来讲，这是非常可怕的，因为花费了同样的劳动，却只得到以前一半的收入。反摩尔定律逼着所有的互联网公司必须赶上摩尔定律的更新速度。反摩尔定律如图 1-8 所示。

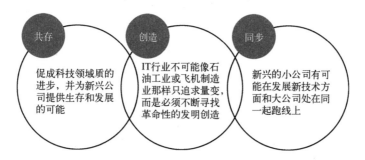

图 1-8　反摩尔定律图

## 1.2.4　"70-20-10"定律

一般来说，在信息科技的某个领域，会存在一个占据着 70%市场的老大，还有一个占据 20%市场的老二，剩下一群小企业占据 10%的市场，这就是"70-20-10"定律，如图 1-9 所示。

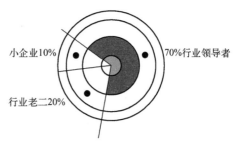

图 1-9　"70-20-10"定律图

## 1.2.5　基因决定定律

在某一领域特别成功的大公司一定已经被优化得非常适应这个市场，它的企业文化、做事方式、商业模式、市场定位等已经适应传统市场。这会使其获得成功的内在因素渐渐地、深深植入该公司，可以说成了这家公司的基因。基因决定定律图如图 1-10 所示。

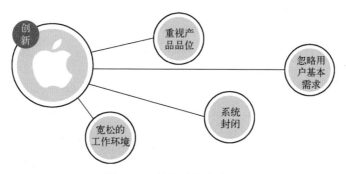

图 1-10　基因决定定律图

例如，苹果公司的创新，经过了从个人计算机领域到电子消费品的成功转型，但公司基因从未改变。从个人计算机到 iPod、iPhone、iPad 是不同的市场，但是苹果的商业模式仍是：作为消费电子公司，硬件和软件必须作为一个整体，软件的价值需要通过硬件的销售而实现。而反观国内，优逸客科技有限公司能在短短三年成为中国 UI 职业教育的"知名品牌"，互联网前端开发实训行业的"拓荒者"，也有其深层次的原因，秉承着"专注、极致、口碑"的企业文化，践行着"有责任、有激情、有梦想"的企业理念，并把"让每一位优逸客的学员都有一份好工作"当作企业愿景。这是优逸客的基因，也正是这些基因决定优逸客能够在互联网浪潮中独树一帜，一步一步迈向中国顶尖的大学生职业实训机构。

每一个行业背后都有其固有的规律，而以上的定律则悄然运行在互联网之中。很多人在问什么是互联网公司？人们认为只要公司推出了 App 或者 Web，那么这个公司就是互联网公司。其实不然，这些都是外在形式，互联网公司是用互联网思维在运营的公司。那什么是互联网思维？互联网思维就是由若干个普遍适用的定律所隐喻的一种潜在内涵。每一个互联网从业者都应该遵循这些规律，并使之成为管理公司、运营公司的指导思想。当然，任何一个规律并不会单独成行，所以需要综合理解规律并运用它。

# 1.3 "互联网+"带给我们的新思路

"互联网+"刚被提出时，聚焦在互联网对传统行业的渗透和改变。每一个传统行业都孕育着"互联网+"的机会。"互联网+"的"+"是指传统行业的各行各业。"互联网+"媒体产生了网络媒体，对传统媒体影响很大；"互联网+"零售产生了电子商务，已经是我国经济的重要组成部分；"互联网+"娱乐产生了网络游戏；"互联网+"金融，使得金融变得更有效率，更好地为经济服务。

**1．"互联网+"电商**

电子商务作为新经济的一种重要形态，发展速度迅猛、成长空间巨大。相关数据显示，2017 年，全国电子商务交易额达 29.16 万亿元，同比增长 11.7%。

**2．"互联网+"金融**

"互联网+"金融，从组织形式来看，最少有三种结合方式。第一种是互联网公司做金融；第二种方式是金融机构互联网化；第三种方式是金融机构和互联网公司合作。

2013 年，互联网嫁接金融在线理财、电商小贷、支付、众筹、P2P 等进入大众的视野，已经成为一个新金融行业，可以为普通用户提供多种多样的投资理财方式。第三方支付、P2P 和众筹是互联网渗入程度迅速增高的三个领域，截至 2014 年年底，中国使用第三方支付的用户规模达到 3.04 亿，较 2013 年年底增加 17.0%，交易规模达到 80767 亿元，同比增速达到 5%。

**3."互联网+"交通**

交通运输部 2015 年 1 月公布的数据显示，去年国内客运量预计为 220.1 亿，同比增长 3.7%。其中公路客运量全年增长 2.8%。随着用户对传统汽车出行服务的满意度逐渐减低，移动互联网催生了一批打车拼车专车软件，如Uber、滴滴等。

**4."互联网+"医疗**

在互联网时代，移动医疗+互联网有望从根本上改善看病排队这一医疗状态。具体来讲，患者可以在 App 上挂号或者提前预约专家号，这样减少了很多排队时间，提高了医院的办事效率，为患者提供更优质的服务。在传统的医院办公环境中，患者都不太清楚提前预约的事情，普遍存在事前缺乏预防，服务中医疗体验差，就诊后无后续跟进服务的现象。而通过互联网医疗，患者可以从移动医疗数据端监测自身健康数据，做好事前防范；也可以在诊疗服务中，依靠移动医疗实现网上挂号、询诊、购买、支付、留言等，节约时间和经济成本，并且在就诊后能够通过移动互联端口进行评论或咨询，以便后期的辅助治疗。

**5."互联网+"教育**

传统教育的模式是学校＋教室＋老师，通过老师讲解课程内容给学员传授知识。而互联网在教育行业的出现，改变了传统模式。我们可以打开一个网站或移动端设备，只需要选择自己喜欢的老师，就可以查看更多视频课程，并且一个教学视频可以有成百上千的学生点击，这就是"互联网＋"教育的发展优势。

2017 年，中国在线教育市场规模达到 1941 亿元，仍有较大发展空间。相关规划则要求各级政府在教育经费中按不低于 8% 的比例列支教育信息化经费。

### 6. "互联网+"餐饮

在日常餐饮消费中，针对朋友聚餐、情侣约会、家庭聚会、商务洽谈等私人社交需求，就餐作为一种舒适的社交方式，是餐饮消费的最大诉求，占到餐饮消费总需求的 80%左右。

相关报告显示，在线餐饮用户的规模已从 2011 的 0.62 亿人增至 2017 年的 3 亿人。另有调查显示，近 40%的受访者利用第三方网络平台获取餐厅信息。

### 7. "互联网+"物流

当物流时代遇上了 O2O 模式时，整个物流行业发生了翻天覆地的变化，这也是互联网对传统物流产业的重构产生的影响。"互联网＋"物流能够减少信息错误，给人们带来了极大的方便。实名制的出现，确保了货物物流过程的安全性。

"互联网+"是互联网发展的新业态，能够根据其特点催化互联网时代的经济发展，推动社会进步。"互联网+"是互联网思维的进一步实践成果，能够为现有的社会经济体系增加更为广阔的网络平台。

# 第 2 章

# 移动互联时代的用户研究

## 2.1 为差异化的用户体验设计产品

我们的设计方法是以用户为中心的设计方法，从用户最基本的用户体验开始，发掘他的心理需求。

### 2.1.1 格式塔原理

格式塔原理包括接近性原理、相似性原理、连续性原理、封闭性原理、对称性原理、主题/背景原理和共同命运原理。

**1．接近性原理**

接近性原理：物体之间的相对距离会影响我们判断它们是如何排列组合在

一起的。如图 2-1 所示，左侧的三角形的垂直距离要比水平距离近，所以把它归类为四列，而右侧的三角形则归为四行。

图 2-1　接近性原理图

**2. 相似性原理**

相似性原理指出了影响我们感知分组的另一个因素：在其他因素相同的条件下，有共同特征的物体则归为一组。在图 2-2 中，每个三角形的纵横距离相同，但我们习惯性把空心的三角形看成一组。

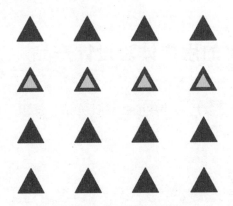

图 2-2　相似性原理图

例如，优逸客官网的每个模块的外形都保持一致，但第一个选中的模块区别于其他模块，既能保持版面整齐，又能使用户直观感受到蓝色凸出部分与其他部分展示的是不同功能。我们自然把它分为单独的组，其他几个则分成一组，如图 2-3 所示。

图 2-3　优逸客官网导航图

### 3．连续性原理

上述两个格式塔原理都与元素分组有关，其他几个格式塔原理则与我们的视觉系统试图解析模糊或者填补遗漏来感知整个物体的倾向有关。连续性原理：我们的视觉倾向于感知连续的形式而不是离散的碎片。在图 2-4 中，我们看到了两条交叉的线，而不是两条颜色不同的线。图 2-5 所示为 IBM 的标志。它由非连续的色块构成，但我们习惯把它看作三个粗体字母。

图 2-4　连续性原理图　　　　　　　图 2-5　IBM 标志

### 4．封闭性原理

封闭性原理是与连续性原理相关的，我们的视觉系统习惯性地将敞开的图形关闭起来，从而将其组合成完整的物体而不是分散的元素。我们的视觉系统强烈倾向于看到物体，因此我们看到 WWF（世界自然基金会)的 Logo 的第一反应是一只熊猫，而不会是一些分散的色块，如图 2-6 所示。

图 2-6　封闭性原理图

### 5．对称性原理

对称性原理说明了人们观察物体的另一种倾向性：人们会习惯性地将复杂的场景分析成简单的场景，降低复杂度。视觉区域的信息有多种解析的可能，我们的视觉会自动分析这些数据，然后简化这些数据并赋予它对称性。

例如，我们习惯性地将图 2-7 中左侧复杂的形状看作两个叠加的菱形，而不是一个中心为小菱形的细腰八边形。两个叠加的菱形要比其他的解释更为简单，菱形的边更少并且两个菱形是对称的。

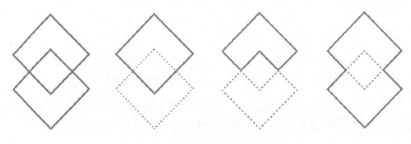

图 2-7    对称性原理图

### 6. 主体/背景原理

主体/背景原理是指我们的视觉系统如何组织数据。在看到一个视觉区域时，我们的大脑将自动区分主体和背景，主体包括这个场景中吸引我们注意力的所有元素，其余的元素则是背景。

主体/背景原理同时也说明场景的特征会影响视觉对场景中的主体和背景的划分。例如，一个小色块与更大的一个色块重叠时，我们会认为小的色块是主体，而大的色块是背景。

在用户界面设计和网页设计中，主体/背景原理经常用来在主要显示内容的"下方"放置背景来凸显内容，如图 2-8 和图 2-9 所示。

图 2-8    主体/背景原理图

图 2-9　优逸客官网底部图

**7. 共同命运原理**

前面介绍的 6 个格式塔原理针对的是静态的图形图像，第 7 个格式塔原理——共同命运原理则涉及运动的元素。它与相似性原理、接近性原理有关，都是关于判断我们感知的物体如何成组的。共同命运原理的定义是：一起运动的物体被感知为一组或者是相互关联的。

在图 2-10 所示的五边形中，有 6 个同步地前后摇摆，我们把它们看作相关的一组，即使这些动态的五边形彼此间是分离的，并且其他的条件上与别的五边形也没有不同之处。

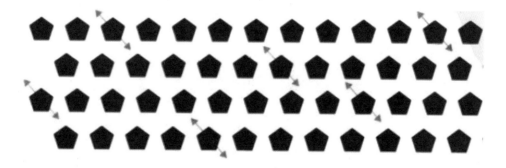

图 2-10　共同命运原理图

在现实世界的一些视觉场景中，各种格式塔原理不是孤立的，而是共同产生作用的。在设计中使用所有的格式塔原理时，可能会产生无意间的视觉关系。推荐的使用方法是，在设计一个视觉场景之后，使用每个格式塔原理来检验各个元素之间的关系是否合乎设计的初衷。

### 2.1.2    边界视觉

边界视觉有以下 3 个重要功能：引导中央凹，察觉运动，以及让人们在黑暗中看得更清楚。

#### 1. 引导中央凹

首先，边界视觉的存在主要是为了提供低分辨率的线索，以引导眼球运动，使得中央凹能够看到视野里所有有趣和重要的东西。当打开任意一个登录注册页面，错误提示都会在输入框的旁边，一般情况下不超过 3cm，以快速引导我们的眼睛看到，如图 2-11 所示。

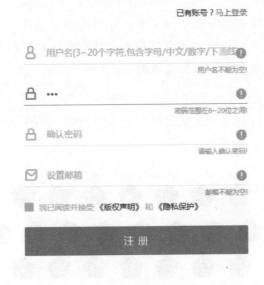

图 2-11    引导中央凹

#### 2. 察觉运动

边界视觉的另一个作用是它能够很好地察觉运动。例如，查看地图定位时，定位符一下一下跳动或者有特别醒目的颜色，让我们可以快速看到，如图 2-12 所示。

图 2-12　地图定位图

**3．让人们在黑暗中看得更清楚**

边界视觉的第三个功能就是让人们在低亮度环境下视物，如有星光的晚上、山洞里、营火边等。

### 2.1.3　人是如何阅读的

说话和理解口头语言是自然的人类活动，但阅读不是。阅读其实是一种人造的、通过系统的指导和训练获得的能力，就像拉小提琴、玩杂耍或者读乐谱一样。

很多人从不学习如何更好地阅读，或者根本不学习如何阅读。因为人的大脑没有被设计成能够天生学习阅读，因此如果抚养人不为儿童阅读，或者儿童在学校里没能获得适当的阅读指导，他们可能永远无法学会阅读。

一个人的阅读能力与特定的语言和文字系统（书写的系统）有关。对于那些无法阅读的人而言，文字内容看上去就像是以某种不认识的语言和文字印刷出来的图像一样。

**1．阅读特征**

阅读涉及特征识别和模式识别。模式识别可以是自下而上、特征驱动的过程，也可以是自上而下、语境驱动的过程。

一直以来，阅读被认为包含了特征驱动（自下而上）和语境驱动(自上而下)两种处理方式。但实证研究已经证明，事实恰恰相反。阅读研究者 Kevin Larson(2004)和 Keith Stanovich(Boulton,2009)的研究成果可以总结如下：

大量科学证据表明，词汇形状不是认知词汇的有效方式，我们识别词汇的组成字母，然后利用其视觉信息来识别一个词汇。

语境是重要的，对较差的阅读者更重要，因为他们无法进行无意识的无语境识别。

**2．居中对齐的文字**

早在 19 世纪就有人通过考察人的眼球运动来研究人的心理活动，通过分析记录到的眼动数据来探讨眼动与人的心理活动的关系。眼动仪可以准确地捕捉到人的眼球在阅读过程中无意识的一个眼动模式，如图 2-13 所示。

图 2-13　眼动仪图

在大部分熟练阅读者的阅读过程中，高度无意识的一种表现就是眼动。当自动（快速）阅读时，我们的视线被训练成回到同样水平位置，同时向下移一行。如果文字是居中或者右对齐，每行的水平起始位置就不一样了。

## 2.1.4　对设计的启示

**1．支持，而不是干扰阅读**

显然，设计者的目标应该是支持，而不是干扰阅读。交互系统的设计者可以遵循以下准则来为阅读提供支持。

保证用户界面里的文字允许基于特征的无意识处理有效地进行，这可以通过避免破坏性缺陷做到。这些缺陷包括难辨认的或太小的字体、带图案的背景和居中对齐等。

使用有限的、高度一致的词汇，业界将其称为"直白语言"或"简单语言"。将文字格式设计出视觉层次，使读者浏览更轻松，如使用标题、列表、表格和视觉上加强了的单词。

**2．尽量减少阅读需要**

尽量减少用户界面里的文字，不要让用户看一大段的文字。在用户使用手册里，使用最少的文字让用户完成目标。

**3．对真实用户的测试（见图 2-14）**

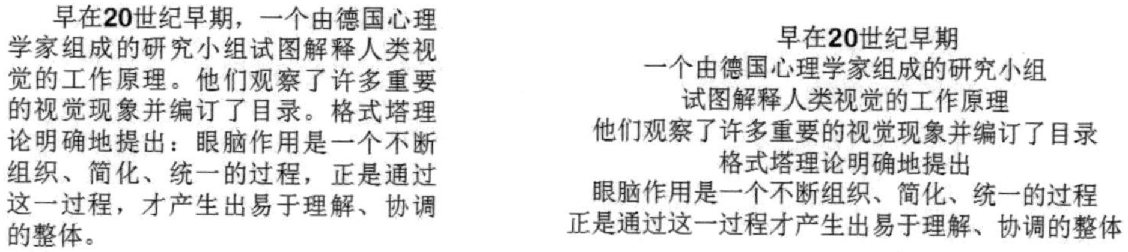

早在**20**世纪早期，一个由德国心理学家组成的研究小组试图解释人类视觉的工作原理。他们观察了许多重要的视觉现象并编订了目录。格式塔理论明确地提出：眼脑作用是一个不断组织、简化、统一的过程，正是通过这一过程，才产生出易于理解、协调的整体。

早在**20**世纪早期
一个由德国心理学家组成的研究小组
试图解释人类视觉的工作原理
他们观察了许多重要的视觉现象并编订了目录
格式塔理论明确地提出
眼脑作用是一个不断组织、简化、统一的过程
正是通过这一过程才产生出易于理解、协调的整体

图 2-14　阅读测试图

设计者应该在目标用户群中进行测试，从而判断用户是否能够快速轻松地阅读所有的重要信息。虽然利用产品原型和部分实现，一些测试可以在早期完成，但在产品最终发布之前仍需进行用户测试。

## 2.1.5　工作记忆的特点对用户界面设计的影响模式

工作记忆的容量和不稳定性有限，因此用户界面设计准则中经常说，要么避免使用模式，要么提供足够的模式反馈。带模式的用户界面有其优势，这是很多交互系统提供模式的原因。然而，模式有一个为人熟知的缺陷：他们会忘记系统当前所处的模式导致误操作。

**1．导航深度**

软件产品、电子设备、手机菜单系统以及网络之类产品的设计通常涉及一

个问题：如何把用户引导至他们所需的信息或目标处。对于大部分用户——特别是非技术人员而言，宽而浅的导航层级结构比窄而深的结构更易于使用，用户对前者更为熟悉。这一理论完全适用于应用程序窗口、对话框以及菜单的层级结构的设计。

另一个相关的准则是：在超过两个层级的结构中，提供"面包屑"的导航路径能提醒用户当前正处于什么位置。

**2．长期记忆的特点**

长期记忆与短期记忆有许多区别。与短期记忆不同，长期记忆的确能存储记忆。长期记忆经过进化，得以很好地为我们的祖先和我们在这个世界生存而服务。然而它也有很多缺点：容易出错、印象派、异质、可回溯修改，也容易被记忆或者获取时的很多因素影响。长期记忆图如图2-15所示。

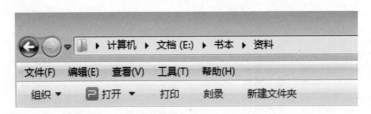

图 2-15   长期记忆图

**3．易产生错误**

在人机交互方面，微软 Word 的用户可能会记得有一个命令可以插入页码，但他们可能忘了这个命令在哪个菜单项里。这个功能在用户学习使用时可能就没记住。或者菜单位置被记住了，但用户在试图回忆如何插入页码时，这个信息没能从记忆中被激活。

**4．受情绪影响**

一个成年人很容易对自己第一天上幼儿园的情景记忆犹新，但多半不记得他第十天上幼儿园的情景。第一天，他可能因为被父母留在幼儿园而感到难过，而到了第十天，被留在那里已经没什么了。

## 2.1.6  菲茨定律

菲茨定律解释的就是我们的直观感受：在屏幕上，目标越大，且越靠近起始位置，你就能越快地指向它。关于菲茨定律，大部分用户界面设计师只需要知道这些就够了，但若需要目标大小、距离和定位之间的精确关系，则可以参考下面的公式。

$$T=a+b\log_2（1+D/W）$$

此处 T 是移动到目标所需的时间，D 是与目标的距离，W 是指针向目标方向移动路径所需要的宽度。从这个公式可以看出，随着距离（D）的增加，移动到目标所需的时间（T）也跟着增加，所需时间随着目标宽度（W）的增加而减少。

菲茨定律是许多常见用户界面设计原则的基础。菲茨定律对设计的影响：①目标（图形化按钮、菜单、链接）要足够大，便于人们单击。②让实际可单击对象至少与看到的一样大。尤其是，不要展示大的按钮，但只有很小区域接受单击（如文字标签）。例如，在使用登录注册时，登录注册按钮做得很大、距离很近，都是为了能够快速单击上，如图 2-16 所示。

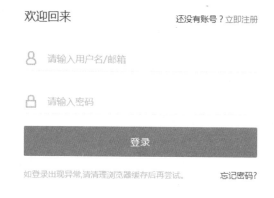

图 2-16　UI 中国登录页面

也有一种不符合菲茨定律的设计，就是我们在清空回收站时，会弹出一个提示出现在屏幕中心的位置。按道理来说，弹框应该出现在回收站旁边，其实它是故意这样设计的，让用户在删除时多一分思考，以免用户误操作。

## 2.2　如何充分照顾产品新用户的初始体验

2000 年前后 Nielsen Norman Group 开始大力推广以用户为中心（UCD）的

设计方法，互联网的用户研究方法便得益于此，当下所见到的 UX、UE 等名词，都始于那时。

用户研究的首要目的是什么呢？即帮助企业定义产品的目标用户群，然后明确和细化产品概念。通过对用户的任务操作特性、知觉特征、认知心理特征的研究，使用户的实际需求成为产品设计的指向标，使产品更加符合用户的习惯、经验和期待。

用户研究中尤其是小样本定性研究的基本逻辑是：不仅要去了解人们的行为，更要了解这些人行为背后的心理机制，包含动机、需求乃至价值观。因为人的行为是内因和外因共同作用的结果，千奇百怪而且变化不定，无法通过少量的行为数据来推断出大多数人的某种状况；而行为背后的心理机制则要稳妥得多，也更有普遍的适用性，因而更易查找出行为的某种规律，这提升了从小样本中窥见大问题的可能性。

用户研究的前提就是要了解产品和市场，需要对业务的核心诉求了如指掌，这样才能够筛选到合适的用户去研究，才能够提出合适的问题。因此除了用户研究员自身需要懂产品、懂业务、懂设计之外，更加要求产品经理和设计师懂得用户研究、掌握研究的方式和方法。在产品的管理过程中，为了提高产品的上市成功率，需要全面掌握客户需求、竞争对手等信息，市场调研的方法是了解客户需求的有效手段。

用户研究的调查方法分为定量调查和定性调查常见的定量调查方法包括入户访问、街访调查、CATI 访问、在线调查等方式。定性调查的方法通常是深度访谈。

定性调查偏向于了解，而定量调查偏向于证实，不过也不需要划分得那么绝对，因为人们在认识事物的过程中，通常都是从定性到定量的，而了解和证实也是在不断更新迭代的。到底采用哪种调查方法，往往取决于资源，如时间、人力、经费等，因为定量研究总是需要很多资源支持。

### 1．入户访问的特征

样本通常具有较高的代表性，用它的结果可以对总体进行一个判断。由于各个城市的经济发展、居民消费习惯和生活形态都有很大的差异，因此调查一般会在具有代表性的城市去进行，在每个单独城市中，调查的被访者要能够代表这个城市的总体情况。

为了更好地了解用户，通常会选择具有代表性的用户进行调查访问，这样的访问结果更有利于对总体进行判断。这种方式需要受访者在比较熟悉的环境中进行，如在受访者的家里或者工作的地方。因为访问的时间比较长，所以访问需要在工作以外的时间进行，并且要选择较为舒适、比较安全的环境，这样在访问过程中，受访者会有充足的时间，耐心地配合完成。这样的回答率相对来说比较高，也可以把控问卷的质量。缺点是调查成本较高，而且拒访率也较高。

**2．街访调查的特征**

街访调查的优点是易监督、易操作。在操作比较复杂时，这样的访问形式更具有优势。与入户访问相比，街访调查能获得较真实和客观的回答，比较容易找到合适的访问对象，可以随时进行，并且成本还较低。例如，一款新的食品上市，口味的测试就需要用到街访调查，以获得快速的并且范围较大的调查结果。

街访调查的缺点是，无法精确推断总体市场占有率或市场规模。

**3．CATI 访问**

CATI 访问是利用计算机辅助电话调查而开发的调查访问系统。

CATI 系统通常的工作形式是：访问员坐在计算机前，面对屏幕上的问卷，向通话另一端的被访者读出问题，并将被访者回答的结果通过鼠标或键盘记录到计算机中去。

CATI 系统调查所得的数据可以被各种统计软件直接使用。在一般情况下，入户访问与电话访问是真正有代表性的数据采集方式。通常，入户访问有一定的困难，因此电话访问就成为最具代表性的数据采集方式。运用 CATI 系统，可以随机设置问卷中选择题选项的出现顺序，使其更具随机性，避免误差；同时对比入户访问还能省去交通费、礼品费和问卷印刷费等。根据测算：完成相同的调查项目，电话访问所花费的费用要比入户访问低 30%左右。

这种方式的调查内容不能过多、过于复杂。电话访问的时间不宜超过 20分钟，提问的问题多数被受访者熟悉，不能出现图片和抽象难理解的概念。

**4．在线调查**

在线调查和传统模式相比较，传统模式的一项调查少则需要一个月，多则需要数年，而采用在线调研只需要几天时间甚至十几小时就能完成。利用在线调查系统大大地提高了工作效率，省却了印刷过程、访员的招募与培训、问卷的回收与录入等操作环节，这些用计算机完成可以节省不少时间。另外，调查完成后，在线调研系统可以自动生成分析图，为进行下一步的研究工作做好准备，提高工作效率。由于在市场研究中，入户调查在实施过程中常常受到一些阻碍，不容易进入到受访者家或者单位。因此现在越来越多地使用在线调研，如抽到答卷的样本库成员可以在网上完成问卷调研。在这个过程中，受访者可以在任何方便的时候答卷，并且不受访问员的影响和干扰，可以完全凭借自己的感受来答题，更具有真实性，对于一些敏感性和私密性的问题，受访者可以做出真实的回答。

另外，在线调查的可控性更高。首先，通过 IP、Cookie、MAC 地址等技术可以实现甄别和归类的功能；其次，在线调查系统还有自动回收问卷、整理和统计功能，避免了人为控制因素，大大降低了出错的概率。相对于传统的调查方式，在线调研成本较低，能省去很多的人工成本。随着网络的普及，相较于传统调查方式，在线调查的成本也越来越低，越来越容易实现。

在线调查的网民的年龄一般在 15～50 岁之间，年轻群体占比很大，所以适合进行以年轻人为主要调查对象的问卷项目。

**5．深度访谈**

深度访谈是一种无结构的、直接的、一对一的访问形式。在访问过程中，对于调查员的访谈技巧会有较高的要求，由掌握高级访谈技巧的调查员对调查对象进行深入的访问，用以揭示对某一问题的潜在动机、态度和情感，最常应用于探测性调查。

深度访谈作为定性研究中的方法，在社会学领域中有着重要的地位。深度访谈主要就是无结构式访谈，它与结构式访谈不一样，它并不根据事先设计的问卷和固定的程序来进行，而是只设定一个访谈的主题或者范围，由访谈员与被访者围绕这个主题或范围进行比较自由和深度的交谈、沟通。

无结构访谈的最大长处就是弹性大、灵活性强，有利于充分发挥访谈双方的主动性和创造性。与结构访谈相比，无结构访谈的最大特点是深入、细致。但是，这种访谈方法对访谈员的要求比结构访谈的要求更高。这种访谈方法所得的资料难以进行统计处理和定量分析，而且特别耗费时间，使得访谈的规模受到较大的限制。

在互联网领域中，用户研究主要从以下两个方面来研究：①对于新产品来说，用户研究一般用来明确用户的关键需求，以便于帮助设计师明确产品的方向；②对于已经上线的产品来说，用户研究通常用于查找出产品的问题，帮助设计师优化产品，提升用户体验。在这两个方面，用户研究和交互设计紧密相连。

用户研究对产品使用者是非常有益的，并且对设计者也是有帮助的。对用户来说，用户研究能够更加了解用户的需求，然后不断改进、不断更新，通过用户的理解，可以使产品的功能更加贴近真实需求，使其更有用、更易用。对设计者来说，也可以节约开发成本、节约开发时间，使产品不断优化，变得更好、更成功。

## 2.3　产品应该为新用户提供什么

### 2.3.1　用户定位

用户定位是指确定公司或产品在顾客或消费者心目中的形象和地位，这个形象和地位是要与众不同的。对于如何定位，部分人认为，定位是给产品定位。营销研究与竞争实践表明，仅仅进行产品定位已经不够了，一定要从产品定位扩展至营销定位。

从用户的角度来考虑，产品定位是一个记忆到认知，再到确认，最终达到习惯的过程。

**1．记忆**

产品定位的描述主要由企业内部提供，它也是产品生命周期各阶段的行动指南，产品的设计、研发、广告、推广、促销各个环节都要服务于产品定位。在产品传播过程中，产品的品牌和广告起到了重要作用。所以，品牌口号和广告需要做到以下最基本的两点：①要准确地表达产品定位；②有情感，能够让用户容易记住并引起情感共鸣。

**2．认知**

产品的品牌口号和广告是企业想要给产品的定位，但是这无法代表产品在用户心目中的位置。用户会根据自己的使用感受和认知习惯去了解产品，最终得出自己关于产品的结论，所以最重要的还是产品本身留给用户的体验，其中包括产品的属性和风格。

当用户开始接触和使用产品的时候，会根据自己的第一印象对产品进行比较，进行初步的定义。在认识过程中，用户会形成自己对产品的认知，而且这个过程一般都较长。在这个过程中，企业可以通过用一些方式去影响用户的认知。

### 3．确认

用户在使用过程中，会根据自己的认知和产品的定位来做出比较，然后确认产品的定位，这时用户会对产品定位提出要求，这个定位最好能适中、明确。产品定位得到用户确认，就会在用户心中树立起形象，这时，企业就要去不断强化自己的产品定位。

### 4．习惯

习惯是一个产品定位固化的阶段。例如有些用户想到手机的第一反应是iPhone 手机，想到计算机的第一反应是 iMac。这时产品的定位对用户来说已经是一种习惯，已经深入到了用户心中，会变为提到某样东西时的首选项，成为用户习惯。

用户的定位源于产品。一件商品、一项服务都是定位的源头。定位是在顾客的心目中为产品定一个适当的位置。一个有效的定位包含以下几个基本要素（见图 2-17）：

图 2-17　产品设计流程

1）细分市场或者目标群体。

2）主要满足的顾客需求。

3）通过什么样的服务满足了顾客的需求。

4）差异化。

通常来说，产品定位有以下 5 个步骤：目标市场定位（Who）、产品需求定位（What）、产品测试定位（If）、产品差异化价值点定位（Which）和营销组合定位（How），如图 2-18 所示。

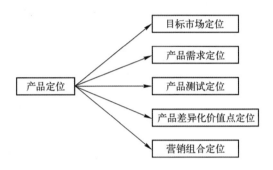

图 2-18　产品定位的 5 个步骤

（1）目标市场定位

目标市场定位是选择目标市场对市场进行细分，即为谁服务（Who）。现在市场细分非常明确，任何一家公司和产品都有自己的目标人群。要准确定位目标人群，首先要明确细分市场的标准，然后对整体市场进行细分，再对细分后的市场进行分析，最后才能确定产品的目标市场。

目标市场定位策略是忽略掉差异化，对整个市场仅提供一种产品；或者重视差异，为每一个细分的子市场提供不同的产品；或者仅选择一个细分后的子市场，提供相应的产品。

（2）产品需求定位

产品需求定位即了解顾客需求的过程，也就是了解这类顾客有什么样的需求（What）。产品定位需要细分目标市场并对子市场进行选择。这里的细分目标市场是对选择后的目标市场再进行细分化，对其中的一个或者几个子市场进行过程实施。目标市场需求的确定，不能根据产品类别进行，也不能根据顾客的消费表象来进行，而要根据顾客的真正需求价值来确定。产品的某种功能价值能满足顾客的需求，顾客才会选择购买这个产品，也就是产品的价值和顾客的需求要相吻合。只有了解了顾客的真正需求，才能指导产品不断更新和改进。

（3）产品测试定位

企业的产品测试定位是对企业的产品和创意进行测试，即测试产品是否能满足顾客需求，帮助企业对产品进行准确定位和产品优化。应用符号或者产品本身来展示产品（未开发和已开发）的性能，考察是否可以满足消费者的喜好和能否被消费者接受。这一测试需要对消费者从心理层面到行为习惯进行深入研究，以得知消费者对产品的接受情况。

（4）产品差异化价值点定位

产品差异化价值点定位即需要解决目标需要，企业提供产品以及竞争各方面的特点的综合问题。同时要考虑到一个问题：如何把这些独特的点和其他营销属性综合起来（Which）。在上述研究的基础上，结合基于消费者的竞争研究，进行营销属性的定位。一般产品独特销售价值的定位方法（USP）包括从产品独特价值特色定位、从产品解决问题的特色定位、从产品使用和场合时机相结合的定位、从消费者类型定位、从竞争品牌对比定位、从产品类别的游离定位、综合定位等。在这些定位的基础上，需要进行差异化品牌形象的定位和推广。

（5）营销组合定位

营销组合定位即如何去满足需要（How），它是进行营销组合定位的过程。在确定企业提供的产品与目标客户的需求之后，需要设计一个营销组合方案，并且将其实施，使定位落实到位。在有些时候，落实到位过程也是一个再定位的过程。因为在产品差异化实现困难时，必须通过营销差异化来定位。

### 2.3.2　用户群

划分用户群产生的直接作用就是更好地理解产品的目标用户和市场竞争情况。

#### 1．分析划分用户群的因子

通过访谈方式对不同的人群进行对比和分析，当然这样的过程并不是都是均衡的，有些健谈的用户会多聊一些，这样就能够提供出更多的想法，也能带来更多的有价值的信息。搜集的过程是很重要的，当然在访谈的时候尽量能够面对面地进行交流，谈话期间的表情和语气都能体现出很多的细节，而且会带动被访者的兴趣，探索出更多的信息。

在访谈过程中，会呈现出某种共同的因子，就拿电影来举例。不同的喜好决定了看待电影的态度。有人将电影看作职业，有人将电影看作最大的爱好，有人就看作一种消遣。态度的不同决定了用户在选择上的不同的行为，观赏电影的方式、分享电影的方式等都有所不同。同样也决定了不同的用户，最终选择了观赏哪部电影以及观赏的方式。

通常还有另外一个重要的因子：年龄。不同的年龄阶段所关注的内容都是不同的。整体来看，因子可以分为以下两类：人口的基本属性（年龄、性别、职业等）和垂直领域属性（以电影为例，就是对观看电影的喜好程度）。用两个因子足以做出一个用户群二维坐标系。

**2．验证划分**

划分出用户群后，能对市场上的用户群和竞争对手有一个直观解析。通过问卷调查的定向研究，验证之前分析得出的结果，即以较小的成本来验证判断正确与否。

**3．问卷的目标用户和问卷渠道**

为了达到定量研究的最终效果，我们需要尽可能充足的样本来研究各个用户群。如果资源充足，则问卷的数量越多越好；在资源紧张的情况下，需要提前规划好所需的最少用户量，同时也要考虑最后投放的渠道，这个渠道与最后希望调研的用户群是否匹配。最终决定调研质量的并不是问卷渠道和用户量，而是与调研的用户的匹配度。

**4．问卷的大纲**

首先用发散思维的方法给问卷罗列出大纲，尽可能详细地列出最终的结论，然后对大纲内容单个展开，形成树状结构的思维导图。根据问题的重要性，排除一些不必要的，同时将重要问题标注出来。我们可以通过问卷中产品的知名度，爆款产品，年龄、性别及职业收入的人口属性问题，来获取产品的用户特征及市场对产品的反馈和占有率。

**5．问卷题目的设计**

问卷题目的设计需要一定的用户调研的专业知识，看专业书籍、跟随有经验的用户研究员进行学习是最快的学习方法。在设计题目时，一定是题量能少则少。填问卷通常比较枯燥，因此没有人愿意花费较多的时间来填写，就算提供很丰厚的奖品也不一定会成功。所以，不断地去精简题目是调查问卷唯一可行的办法。题目的顺序很重要。不要一开始就问如年龄、职业等问题，这些涉及隐私，容易引起人们反感。让用户一开始接触到一些不太需要思考并且浅层次的问题，题目的文案要精简、选项不要过多。题目从易到难，让用户逐步进入状态，开始投入时间和精力来思考问卷后半部分复杂的问题，这样的过程会让绝大多数用户填写问卷和思考更加顺畅。

通常，数据的结果更有说服力，从数据中很容易分析出划分用户群的关键点，根据数据来思考、判断，并且再次进行用户访谈，从而得出新的用户群划分。之后再用问卷调研的方式去验证一遍，当然要把用户根据数据区别开，不要反复在同一类中调研。

## 2.4　如何让产品的核心用户不离不弃

用户行为分析就是根据用户以往的行为来分析用户的需求或即将要做的事情。一般分析用户行为离不开数据，对相关数据进行统计、分析，从中得出用户访问网站的使用规律，并且把这些规律与网络营销策略等相结合，这些数据的采集可以通过数据库，也可以来通过用户的操作日志。

这只是许多种情况中的一种，是对网站的用户行为分析。目前的互联网行业中有不计其数的产品，下面介绍如何定义用户行为分析以及定义用户行为的依据。

1）分析用户行为特征，确定用户群体特征。

2）用户对产品的使用率。网站类产品通常表现在点击率、点击量、访问率、访问量等；移动应用产品通常表现在下载量、使用频率、使用模块等。

3）用户使用产品的时间，如用户通常在每天当中哪个时间段使用产品。

综上所述，用户行为分析可以这样来定义：用户行为分析就是把用户使用产品过程中的所有相关数据（包括使用频率、下载量等）进行收集、统计、整理，分析用户使用产品的规律，以便为产品后续的发展、优化、营销等活动提供可信服的数据支撑。

要做好一款产品，就一定要听取用户的意见，分析用户行为，不断发现用户的需求，掌握了这些信息，才能做出有针对性的推广和营销。用户行为分析有以下几种方法：

（1）用户特征分析

用户特征分析是指找出各类用户的行为特点。它是实施针对性营销的前提条件。例如，分析各个消费档次用户的特征，进行比较后，得出高消费用户上网特征，寻找目标用户，通过资费策略、业务引导等方式让目标用户向高消费用户转移。

（2）关联分析寻找客户需求，通过资费策略

通过关联分析来发现关联规则。分析用户行为时，可以把用户的使用习惯进行关联分析，也可以把用户使用网络的习惯和消费习惯进行关联分析，或者把用户本身的属性（如性别、年龄、职业）与使用网络习惯进行关联分析。

（3）分类与预测

可以使用分类技术把用户划分成特定的类别。例如，通过对注销银行卡的用户分析，得出注销银行卡前的用户使用特征，形成注销银行卡用户的用户画像模型，再通过对该画像进行分析，对具有类似使用特征的用户采取预防措施，为营销部门挽留客户行动提供有效的依据。

（4）异常分析

对 IP 网络用户的异常分析有以下两种：①对垃圾邮件、网络病毒等非正常网络流量的分析；②对行为特征异于大众的个体进行分析。例如，一个专线用户的流量远超出专线用户可能达到的流量数值，并且具有公众客户的特征，则这个专线用户可能在经营公众客户。

通过用户行为分析所要达到的目的如下：

1）新产品迭代开发。开发新产品，首先需要分析用户行为特征、定位目标用户人群、总结用户画像等手段找到目标用户的需求，从而开发出迎合市场需求的产品。

2）精准营销。产品一旦生成，就需要分析用户的行为，寻找潜在用户，

针对特定群体来进行营销。

3）数据挖掘。最常用的方法是对用户进行仔细划分，以关联分析的一个例子来看：分析顾客的购物篮，发现顾客放入自己购物篮中的多种物品之间的联系，分析得出顾客的购买习惯。分析哪些商品是频繁被顾客同时购买的，这种关联可以对营销策略起到很大帮助。也就是喜欢一种产品的人往往也会喜欢分析得出的关联产品。

4）个性化服务。根据浏览历史，客户端推送不同的内容，实现用户群接收信息的差异化和更个性的推送服务。目的不同，用户行为分析所侧重的点也不同。

# 2.5　如何进行用户需求分析

在产品的构思初期，我们会把想到的需求尽可能都罗列出来，同时也会收集更多的需求。但是有些需求并不具备现实的价值，甚至有些需求是伪需求，那么我们如何判断这些需求呢？现在产品更新迭代很快，每天会有新产品诞生，也有很多产品陨落。说到产品，很多时候会有一个共同的原因，没有准确把握用户需求，吸引不了用户。那么我们该如何把握用户需求呢？如果毫不克制地加载功能去满足用户千差万别的需求，则最终会导致产品失去核心定位。可以从以下 5 个方面来提炼出产品需求：

## 1．用户需求和产品需求

我们需要了解用户的需求和产品需求，用户的需求是用户从自己的角度出发，自以为的需求。产品需求是解决用户真实需求的解决方案，并符合产品定位。我们不能简单地看用户的需求，而应该挖掘用户产生这个需求，是什么驱动了用户的内心。因此，应该思考需求分析的过程，如何把产品需求转化为用户需求，中间环节是什么？

## 2．人性

把用户需求转化为产品需求的中间环节，要弄清楚一个问题：我们只要研究清楚原因，就可以通过产品需求去满足用户的需求。

**3．马斯洛需求理论**

经典著作《人的动机理论》中提出了马斯洛需求理论，讲述了人类需求的五大类，即生理需求、安全需求、社交需求、尊重需求和自我实现需求（见图 2-19）。

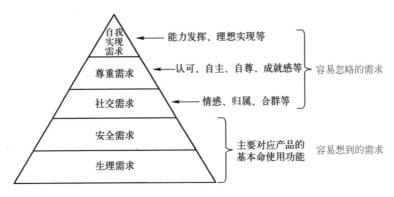

图 2-19　马斯洛需求理论图

生理需求是人类最基本的需求，包括衣食住行，如果无法满足，人类就不能生存。生理需求是我们每天都离不开的，市场空间巨大，众多创业公司和行业巨头占据市场主要份额。

安全需求保障人身安全，生活稳定。医疗人身保障等社会基础设施的建设，是"互联网+"正在升级的主要领域。

每个人都渴望成为集体的一部分，几乎没有人愿意独自生活，这就是社交需求。

接下来是希望被别人尊重，获得别人的认可和赞赏，包括名誉、地位和声望的尊重需求，一般这种需求无法得到充分满足。

马斯洛最高层次的需求是自我实现的需求，是实现个人抱负、理想和价值的需要。

**4．用户动机**

用户的底层欲望源于人性的需求，而人性需求又产生欲望。由于人类的生存环境不同，生活方式不同，不同的行为之下，人类会产生各种不同的动机。产品为达到某种目标，迎合用户的各种动机，以此满足用户的需求。

### 5. 如何筛选需求

上文提到的用户需求是从用户自身角度出发，并不能代表大多数用户的需求，而且有的用户并没有在访谈中把内心的真实需求讲出来。所以，在筛选用户真实需求的时候，不仅要挖掘用户动机，还需要从以下几个方面来考虑：

用户是否为产品的目标用户：如果用户不是产品的目标用户，那么该用户的建议或者需求的参考价值就没有那么大。用户需求和产品的定位是否符合：满足用户的需求对产品的核心服务可能会有影响，甚至破坏用户体验。用户需求是否可以实现：评估这个用户的需求需要多少开发资源或运营能力，其价值又有多大？

在考虑需求价值时，可以从以下 4 个维度考虑：

● 需求的受众面的广度。

● 需求的使用频率。

● 需求对用户的强度。

● 需求是否符合产品的上市时机。

"满足产品需求"和"让用户尖叫的产品"的最大区别就在于对人性的把握程度。

# 第 3 章

# 关于移动产品设计的方法论

## 3.1 产品交互设计的大局观

**1. 交互设计的演变史（见图 3-1）**

早期的计算机系统通常是一个主机搭配多个终端设备（Dumb Terminal），并且十分昂贵，这些终端本身也不具备计算能力，而主机只承担运算和处理的工作。

1）命令行界面（CLI）：这是人机交互设计的第一个阶段，从打字机演变而来，是一个基于文本用来查看、处理和操作计算机上的文件的应用程序，就像 Windows 资源管理器或 Mac OS 上的 Finder，但没有图形界面，黑底白字的界面，在 Windows 和 Mac OS 系统上可以相应打开。

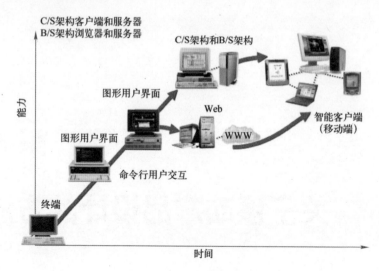

图 3-1　交互设计的演变史

2）图形用户界面（Graphical User Interface，GUI）：起源于 20 世纪 80 年代，苹果公司首先将图形用户界面引入微机领域推出的 Macintosh 以其全鼠标、下拉菜单操作和直观的图形界面，引发了微机人机界面的历史性的变革。基于隐喻的交互，用图标表示数据和命令让用户可以直接操作产品。

3）C/S 架构客户端和服务器结构。目前大多数应用软件系统都是 Client/Server 形式的两层结构。由于现在的软件应用系统正在向分布式的 Web 应用发展，Web 和 Client/Server 应用都可以进行同样的业务处理，应用不同的模块共享逻辑组件，因此内部的和外部的用户都可以访问新的和现有的应用系统，通过现有应用系统中的逻辑可以扩展出新的应用系统。也就是说，客户端需要安装专用的客户端软件。

4）智能客户端（Smart Client）：简单的解释就是移动端应用产品。智能客户端的特点是动态加载，即需即装；更松散的耦合，为应用程序更新提供了方便；进一步的模块化，新功能新特征的加入只需要开发符合的接口定义新的模块并添加链接即可；网络加载程序组件；自动更新；在线与离线可使用的应用程序。

**2. 移动互联网行业为什么会这么火**

随着智能客户端的发展，移动互联网出现了新浪潮，移动应用快速增长，并已经渗透到我们生活的各个领域中，包括社交、视频、新闻、工具和购物等领域。对此用户的要求越来越多、越来越高，促使企业不断完善发展，强调用户体验至上的原则。在这样的环境下产生了这样一个行业，它紧随潮流、薪资高、环境好、有前途、不枯燥；它备受世界瞩目，急需大量人才；它与你的生活息息相关，它就是 UI 设计。

**3．行业的专业用语**

1）UI（用户界面，User Interface）。

2）GUI（图形用户界面，Graphics User Interface）。

3）UE（用户体验，User Experience）。

4）ID（交互设计，Interaction Design）。

5）HCI（人机交互，Human-Computer Interface）。

6）IA（信息架构，Information Architecture）。

7）UCD（以用户为中心的设计，User Centered Design）。

8）TCD（以任务为中心的设计，Task Centered Design）。

9）ACD（以活动为中心的设计，Activity-Centered Design）。

10）UED（用户体验设计，User Experience Design）。

11）UID（用户界面设计，User Interface Design）。

12）VD（视觉设计，Vision Design）。

**4．UI 设计**

UI 设计指对软件的人机交互、操作逻辑、界面美观的整体设计。

简单地说，UI 设计是站在媒体角度，站在互联网媒体上，利用互联网思维进行的设计，所以也称为互联网设计。UI 设计也可以称为是细节设计，在产品开发和制作的过程中有很多细节是需要我们注意的，好的用户体验应该从细节开始，并贯穿于每个细节，能够让用户有所感知，并且这种感知要超出用户预期，给用户带来惊喜。例如，如何让用户快速、便捷地使用产品并且满足用户的需求，让用户产生愉悦感。从字面上理解，用户界面设计可以分为用户和界面两个部分，但实际上包括用户与界面之间的交互关系。

**5．美观华丽的界面设计**

这里的界面设计是指用户在移动端产品上使用的 App，狭义上是指用户界面，也就是说好看的界面，视觉上最直接的感官。

如果把产品看成一个人，则视觉更像是外表、穿着。对于设计师来说，视觉设计主要是进行产品的用户界面的研究。实际上视觉设计师已经不再是单纯只做视觉的所谓"美工"，而是要在了解产品的功能、交互流程、用户人群的特点以及行业特征等基础上进行视觉设计。

视觉设计是整个产品设计中最终的视觉表现层面，其设计范围主要包括基于产品的低保真效果图进行高保真视觉效果图的视觉设计，以及界面跳转和产品交互流程所产生的产品动效，这些都属于视觉设计的范畴。当然，现有的视觉设计还包括与工程师进行项目对接的流程，包括标注、切图、适配和命名等。图 3-2 所示是按照产品所服务的用户人群特点、行业特征以及企业形象而设计的手机应用界面的视觉效果。

图 3-2　视觉设计图

### 6. 交互设计的概念

《About Face3 交互设计精髓》一书中对交互设计的概念是这样定义的：交互设计是人工制品、环境和系统的行为，以及传达这块行为的外形元素的设计与定义。交互设计首先旨在规划和描述事物的行为方式，然后描述传达这种行为的最有效形式。

交互设计借鉴了传统设计、可用性及工程学科的理论和技术。它是一个具有独特方法和实践的综合体，而不只是部分的叠加。它也是一门工程学科，具有不同于其他科学和工程学科的方法。

交互设计定义了两个或多个互动的个体之间交流的内容和结构，使之互相配合，共同达成某种目的。交互设计努力去创造和建立的是人与产品及服务之间有意义的关系，以"在充满社会复杂性的物质世界中嵌入信息技术"为中心。交互系统设计的目标可以从"可用性"和"用户体验"两个层面上进行分析，关注以人为本的用户需求。

人机交互就是从本身已经存在的人与环境、人与人、人与物的交互演化来的，如语音输入就是模仿了人与人之间的沟通交流，使用语音作为最自然的交互方式；现在的 AR、VR 技术就是虚拟现实技术，使人与机器的交流更加顺畅自然。人与环境的交互关系如图 3-3 所示。

图 3-3　人与环境的交互关系

从设计者的角度来说，交互设计是关于使用者行为的设计。从用户角度而言，交互设计在本质上通过系统的设计的方式使人和机器互动的过程更符合人的心理期望、既定目标，使用有效的交互方式来让整个过程达到可用性高，用户体验好的设计，解决用户在使用的过程中可能出现的问题、即将出现的问题和不可能发生的问题，并给出合理的解决方案。它致力于研究目标用户和他们的期望，分析用户在使用产品过程中产生的交互行为，了解"人"本身的心理和行为特点。同时，也需要了解各种有效的交互方式，并对它们进行增强和扩充。

### 7．用户体验

用户体验（User Experience，UE）指用户在系统中的操作过程形成的全部体验，用户的情感、喜好、认知、印象、生理、心理、行为的各个方面的感受和体验，如是否可以快速找到要查找的内容、是否能够轻松便捷地完成工作、遇到困难时能否有效解决，界面视觉是否漂亮美观等。

也就是说，在用户体验之中，我们的产品已经不再仅仅关注产品的视觉效果，而是有意识地创造与用户产生关系的每个互动点。从显性的观察和设计（包括产品的视觉、触觉、听觉）等方面延伸和上升至情感与共鸣，最终产生产品与用户的黏性。

简单地说，提升用户体验已经不再由单一的产品本身来决定，而是要把视野放在用户、产品、服务以及情感界面节点的亲眼所见、接触所获、交流所感而产生的综合体验之上，也就是服务设计中的"服务生态链条"。

只有用户体验才是产品真正的灵魂。其实从某种程度来讲，用户体验可以概括为品牌的思维，用一致的品牌化思维创造和规划所有节点，即用户体验供应链。用户体验供应链是体验设计的顶级目标。

### 8．交互设计的目的

交互设计的目的不仅关注产品的实用性，还需要考虑产品的易用性，以用户为中心的设计、关注用户体验、提升产品的使用和服务的品质。通常意义上讲，你是否喜欢一个产品、是否在你的脑海中形成记忆的关键词，取决于设计师们是否站在用户的角度去思考问题，并且采用产品思维解决问题。在互联网思维中，产品思维的认知就是一切以用户为中心。对用户来说，只有满足他们需求的产品才是好产品，所有的产品都离不开用户。

### 9．交互设计的方法

在交互设计指南中，交互设计包括以下 4 种方法。

（1）以用户为中心的设计

以用户为中心的设计背后的哲学是：用户知道什么最好（或者通过访谈、

测试等方法获得用户需求和目标）。这样的做的好处是可以让设计师从自己的偏好转向用户的需求和目标。这样做也会导致产品和服务视野狭窄，还需站在产品思维、运营的角度上完善设计。

（2）以活动为中心的设计

以活动为中心的设计不关注用户目标和偏好，而是主要针对围绕特定任务的行为，即为完成某一意图的一系列决策和动作。活动可简单可复杂，可时短可时长，可单独可协作。当行为人决定结束时，活动戛然而止。这个方法非常适合具有复杂活动或者大量形态各异用户群的产品。设计师观察并访谈用户，寻找对他们行为的领悟，而不是目标和动机，然后设计师专注于任务，为完成任务设计产品和工具。这个设计方法的风险是可能会过于专注任务，不会从全局的角度为问题寻找解决方案。

（3）系统设计

系统设计是解决设计问题的一种非常理论化的方法，利用组件的某种既定安排来创建设计方案。这里的系统可以包含人、设备、机器、实物、大环境等。

（4）天才设计

天才设计（或叫快速专家设计）是指依靠设计的智慧和经验来进行设计决策。可能会在设计过程结束后进行用户评测设计。这种方法产生的设计方案可能会取得成功，也可能会出现错误。

**10. 产品实现流程**

好的产品应该具备以下 3 个基本条件：价值、可用性、可行性，三者缺一不可。首先从产品想法、产品分析、产品规划、产品设计、产品实现等 5 个方面来分享产品的实现流程，如图 3-4 所示。

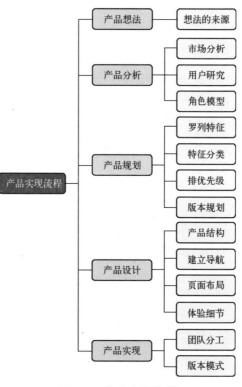

图 3-4 产品实现流程

（1）产品想法

产品想法来源于以下 4 个方面：突发奇想、用户反馈、老板任务、竞品启示。

（2）产品分析

产品分析包括以下 3 个方面：市场分析、用户研究和角色模型。市场分析可以分为行业分析和竞品分析。用户研究可分为定性研究和定量研究。

（3）产品规划

如果确定产品可做，就可以着手进行产品规划了。产品规划主要分为以下 4 步：罗列特性、特性分类、排优先级、版本规划。

1）罗列特性：基于用户和市场研究得到的需求成为特性，通过头脑风暴或联想的方式列举出产品的功能。

2）特性分类：以场景、用途、流程先后次序，将特性分在不同的大类中。

3）排优先级：明确产品定位后，理出产品的主要干线，确定主次功能模块，根据产品核心功能、商业价值、资源等维度综合考虑，把对应的特性进行优先级排序。

4）版本规划：把优先级排序好的功能进行版本线规划，准备第一期方案与技术实现的沟通。

**11．交互设计的流程**

1）了解用户的行为特征及需求。

2）定义用户的行为特征及需求。

3）定义产品定位。

4）确定产品制作的方案（三大图、低保真原型图）并反复细化。

5）进行测试制作方案。

产品设计的方法包括市场分析、用户研究、竞品分析、头脑风暴、三大图、线框图、低保真原型图。

（1）市场分析

这里的市场分析是指行业分析，行业分析的目的是为了了解产品面对的市场价值有多大？产品有没有前途？解决值不值得做的问题，并且提供作为决策的基础信息，了解外部环境和市场环境变化，了解新的市场环境。

在互联网行业，对于产品经理来说，市场分析的目的是分析环境、竞品、用户，从中寻找和研究潜在需求，然后帮助产品经理更好地构思和规划产品的定位，明确用户群体和使用场景，从而提升产品的体验和市场价值。

市场分析的方法有 SWOT 分析、PEST 分析、基本竞争战略分析、价值链分析、价值曲线分析。

（2）用户研究

简单地说，用户研究就是解决用户的问题，一切以用户为中心的设计需要我们更好地了解用户，满足用户的需求，而最好的办法就是做用户研究了。用户研究是一个持续的行为，应该贯穿整个产品设计的周期，从产品的初期到成品的承受都要针对不同的阶段来研究用户的需求以及行为特征，使用户实际需求成为产品设计的导向，使产品更贴近用户。目的是为了定位产品的目标人群和用户需求，最常用的办法有深度访谈、问卷调查等。用户研究在产品的整个生命周期中的办法是不同的。

（3）竞品分析

竞品分析是指对所研发产品的同类型产品进行分析讨论，并给出类比归纳的分析结果，用以了解现有产品的相关信息以及它与竞争对手之间的差异，从而借鉴于产品研发中。

（4）头脑风暴

头脑风暴是指把原来一个想法分成几个独立的逻辑部分来做，然后对各个部分进行自由组合。企业在梳理思维脑图的时候或者是在做一些方案的选择时通常都会选择采用此方法进行。

（5）三大图

这里的三大图包括功能结构图、信息架构图和业务流程图。

（6）线框图、低保真原型图

线框图和低保真原型图是在整个产品进行迭代的过程中方便团队成员（产品经理、交互设计师、视觉设计师、前端开发人员和后台开发人员）交流和沟通的桥梁，是整个产品的设计蓝图。

从字面上理解，线框图由线条和图形组成。怎么画没有特别的规定，一般会使用手绘的方式，可以用身边的纸笔或者软件进行绘制。低保真原型图就是用软件制作出来的图，让线框图动起来，主要制作功能的设计流程，如图 3-5 所示。

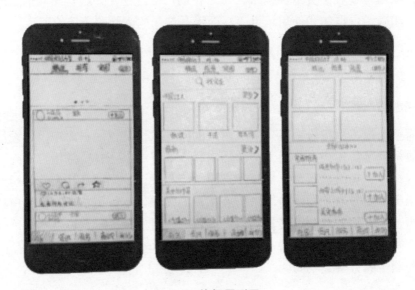

图 3-5　线框原型图

## 12. 交互设计师的岗位要求

### （1）产品经理和交互设计的区别

在企业中，对于产品经理和交互设计师的职责都很模糊，一般的公司也很少设有交互设计师这样的职位。通常情况下，交互设计师的职责有产品经理或者视觉设计师来兼任，也要求职员的技能越来越多，素质越来越高。在现在的企业中出现了产品经理助理或者产品经理专员。很多人认为产品经理能干交互设计师的活，但交互设计师干不了产品经理的活，这种理解是带有偏见的，因为很多人错误地把交互设计师理解为画流程图或者原型图的职位了。

产品经理更关注产品的业务方向、产品的规划、生命周期等大方向，而交互设计师更着重用户使用产品时如何更好地完成目标任务。

### （2）能力要求不同

职责不同导致对能力的要求不同，产品经理的能力包括以下几个：需求把控能力、数据分析能力、沟通能力、执行能力、学习能力、商业能力。也可以将产品经理的能力细分为以下几个类型：基本型能力、商务型能力、兴奋型能力。基本型产品经理的能力需要具备市场的分析能力，了解行业背景发展，熟知竞争对手，懂得产品设计的流程，撰写文档（包括 MRD 和 PRD 文档），使用基本的工具；学习能力、沟通能力、逻辑思维能力、协同工作的能力。商务型能力则是主要负责产品的运营，进行数据分析，确立营销方案，规划产品定位和版本更新迭代，还需具备领导能力、管理能力、团队建设能力、沟通能力。兴奋型能力属于一般难见到的能力，如行业的专家，在垂直领域从事多年的研究。

（3）领域和思维不同

产品经理需要站在产品思维的角度进行产品分析，包括目标导向、全局思考、结果和效率、解决问题、规划、组织、管理、量化和评估。交互设计师需要站在设计思维的角度设计产品，包括以人为本、创新、观察、协作、快速学习、想法视觉化和快速概念原型化。

选择当一名产品经理还是当一名交互设计师？这取决于个人的能力，如果你刚进入行业不久，对待项目的经验不足，建议从交互设计师做起。产品经理主要靠"想"和"说"，交互设计主要靠"做"。对于设计师而言最重要的是实际动手能力。

1）如何做一名专业的交互设计师。

作为一名交互设计师，到底什么程度才能算得上是"专业"？如果你是设计新人，可能你现在还没有完全形成自己的思维模式（实质上讲的是设计师的思维），我们在做产品的视觉设计、交互设计，还是需要和技术沟通，一定是围绕着产品的功能、信息架构以及非常重要的规范而展开，现有的视觉设计还包括与前端后台技术进行项目对接的流程，包括标注、切图、适配和命名等工作。这些就是研发一款产品的基本内容，而寻求最本质的东西就是用户体验，关注情感界面的体验式反馈，构建起用户与品牌间深厚的、可持续增长的情感联系。

2）行业的发展前景。

从行业的现状来看，这个行业最好的地方就是更新快、机会多，所以需要保持学习能力，以不变应万变。当下初级的设计人员较多，满足不了企业对人才的需求，所以需要我们培养自身的能力，提高专业技能。

3）交互设计师具备的能力。

① 岗位能力。

高级的交互设计师才是现阶段企业最需要的人才，负责产品功能需求的优化、产品流程的梳理、执行具体的交互设计，并推进设计落地和验证，对产品提出改进方案，设计产品人机交互界面结构、用户操作流程，与视觉设计师密切配合或者与前端开发人员进行工作交流等。

② 行业能力。

交互设计师并不只是进行互联网产品界面原型设计，还可以向着产品经理、用户体验师的方向发展。

③ 实现能力。

会画线框图、低保真原型图，会使用相关的工具软件，包括办公软件、Axure、Mindjget。

### 3.1.1　如何进行产品的项目启动

下面介绍一款产品的项目启动流程。一个好的产品从有想法到产品的诞生会经历一段很漫长的过程，这个过程包括以下 5 个阶段：拥有产品的想法、产品的分析、产品的规划、产品的设计、产品的实现。

在做任何东西之前，首先要考虑其背后的用户需求、商业价值、技术难度。只有用户有需求，你的产品才会有人用；只有其商业价值成立，才能为企业带来利润，毕竟企业是需要盈利的；只有技术问题解决了，产品才能研发出来供人使用。

产品分析包括市场分析和用户研究两个方面，市场分析可以分为行业分析和竞品分析。

**1. 市场分析**

（1）行业分析

举个例子，在实际做一款移动端宠物社交类型的 App 时，首先需要了解行业状况，进行行业数据调查分析，解释一下行业分析的目的、未来产品面对的市场价值有多大、产品有没有前途。通过行业报告总结出这样的结论，由于宠物电商移动端市场目前还是处于空白阶段，因此可以预见未来两年内的竞争会变得激烈。目前的宠物 App 大多只提供宠物购买、领养服务，还欠缺搭建社交平台以及发展宠物周边产业电商的思维。在未来的宠物 App 开发当中，必将会引入基于宠物的社交平台，同时还提供宠物周边产品的展销平台。较为专业的宠物 App 还将会提供视频看诊服务，为宠物提供专业的远程养护帮助，大大方便了宠物主人的饲养工作。伴随着宠物数量的增长，围绕宠物经济产生了一系列的相关产业，但目前中国宠物行业规模和技术水平远落后于发达国家，宠物相关制造企业的品牌缺失，企业的流通、生产、研发缺乏主力；中国市场报告网发布的中国宠物行业现状调研分析及发展趋势预测报告（2015 版）认为，中国的宠物产业应不断引进新品种，加强对宠物食品、用品的研发，培育宠物市场，开辟宠物及其用品的交流、交易渠道，提供宠物必需的生活用品和用具，以引导宠物生产与消费；同时政府部门要加强法制建设，为宠物产业的发展创造良好、有序的竞争环境。目前，国内宠物市场已进入一个高速发展的时期。随着宠物数量的增长，庞大的宠物服务的消费需求不断扩大，对投资的需求也相对日趋旺盛，中国的宠物行业将迈上一个新的台阶。

（2）竞品分析

1）竞品分析的定义：对所研发产品的同类型产品进行分析讨论，并给出类比归纳的分析结果，用以了解现有产品的相关信息以及它与竞争对手之间的差异，从而借鉴到产品研发中。

2）选择合适的竞品。

直接竞品：市场目标、用户群体、产品功能、用户需求相似度极高的产品。例如，腾讯微博和新浪微博、腾讯新闻和网易新闻。

间接竞品：在功能需求和用户群体互补的产品，目前不构成直接利益竞争，潜在的竞争关系。例如，最简单的例子就是陌陌与微信周围的人，陌陌是一款以 LBS 为基础的实时通信产品，微信是以熟人社交为基础的实时通信产品，虽然产品目标不同，但很可能会由潜在竞品向直接竞品转化。

转移性竞品：目标人群具有一定的共性，产品目标不同，但在特定场景下对用户使用时间形成竞争的产品。例如，我们在乘地铁这段时间有很多选择，玩游戏、看小说、看电影，这样其实会有一大堆产品都会成为我们产品的转移性竞品。

3）竞品分析的内容。

竞品的背景分析主要包含以下几个方面。

- 基本信息：包含时间、手机环境、App 名称、版本号等信息。

- 产品的概括或简介说明。

- 产品定位。

- 用户需求分析。

- 市场状况现状和分析。

- 运营方法与重大事记。

4）竞品分析的五大层包括战略层、表现层、框架层、结构层、范围层，如图 3-6 所示。

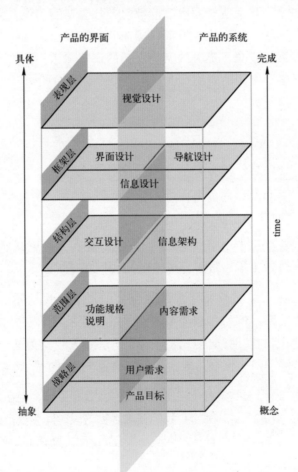

图 3-6　竞品分析的五大层

① 战略层：需要什么样的功能和特性，简单地说就是产品的定位，用户核心人群，解决用户心理需求，商业价值等。竞品分析的过程如下。

a. 直接竞品：有宠。

a）目标用户：18～30 岁之间，希望分享（图片、视频等）、专家在线咨询、养宠知识查询和获取宠物资讯等功能。

b）产品定位：涵盖的范围较多，是一款功能全面的 App，主要运营模式为社交+电商+O2O。

c）产品优势：用户通过发布图片或视频、寻找身边养宠人和宠物等方式结交新朋友，同时利用语音、文字、视频等 IM 功能搭建高效快捷的沟通渠道，构建趣味和谐的宠物社区。

b. 直接竞品：闻闻窝。

a）目标用户：20～40 岁女性为主，爱分享和浏览宠物信息。

b）产品定位：20～45 岁之间，用户范围广，相对简单的一款 App。

c）产品优势：用户可以通过闻闻窝为宠物建立一个专属的小窝，加入相应的群组，以宠物的身份结交好友，并与好友分享宠物的趣图、萌图、囧图、视频，交流养宠过程中遇到的问题。

c. 潜在竞品：握爪。

a）目标用户：20～40 岁之间，需要宠物交易或者渴望有保障交易的用户。

b）产品定位：以社交为切入点，主要以优质的宠物交易渠道吸引用户的 App，主要运营模式为社交+上门服务+O2O。

c）产品优势：拥有丰富资讯、求助问答和上门服务，以及优质的宠物交易渠道。

② 范围层：满足用户的需求所做的功能和产品特性。以下是有宠、闻闻窝和握爪 3 种竞品的范围层的对比图，如图 3-7 所示。

| | 功能 | 有宠 | 闻闻窝 | 握爪 |
|---|---|---|---|---|
| 搜索 | 搜索宠物咨询 | √ | √ | √ |
| | 搜索商品 | √ | √ | √ |
| | 搜索好友 | √ | √ | √ |
| 首页 | 精选 | √ | √ | √ |
| | 推荐用户 | √ | √ | √ |
| | 推荐宠圈 | √ | × | × |
| | 关注 | √ | √ | √ |
| | 发布图片 | √ | √ | √ |
| | 发布视频 | √ | √ | √ |
| | 热门咨询 | √ | √ | √ |
| | 附近的宠物 | √ | √ | √ |
| 服务 | 专家在线 | √ | √ | √ |
| | 养宠宝典 | √ | √ | √ |
| | 同城服务 | √ | √ | √ |
| | 宠物定位 | √ | √ | × |
| | 领养 | √ | √ | √ |
| | 配对 | √ | √ | × |
| | 游戏中心 | √ | × | × |
| | 宠物公益 | √ | √ | √ |
| | 线下活动 | √ | √ | √ |
| | 寻宠启示 | × | √ | × |
| | 防丢器 | √ | √ | × |
| | 官方认证 | × | √ | √ |
| 圈子 | 求助问答 | √ | × | √ |
| | 宠物圈 | √ | × | √ |
| | 宠物咨询 | √ | × | √ |
| 个人 | 溜宠指数 | √ | × | × |
| | 温度 | √ | × | × |
| | 我的宠物 | √ | × | × |
| | 好友 | √ | √ | √ |
| | 消息 | √ | √ | √ |
| | 订单 | √ | √ | √ |
| | 收货地址 | √ | √ | √ |
| | 主题 | √ | × | × |
| | 设置 | √ | √ | √ |
| | 购物车 | √ | √ | √ |
| | 粉丝 | √ | √ | √ |
| 商城 | 商品分类 | √ | × | × |
| | 兑换专区 | √ | √ | √ |
| | 客服 | √ | √ | √ |
| | 收藏 | √ | √ | √ |
| | 评价 | √ | × | × |
| | 分享 | √ | √ | √ |
| | 宠物品种 | × | × | √ |
| | 商家认证 | × | × | √ |

图 3-7　三种竞品分析的功能对比

③ 结构层：产品的结构、产品的内容、产品的信息。从产品结构的层次来看，能够按照 PS "图层"的思路把这个产品拆成一层一层。

从前面的产品定位结合构架图来分析，有宠的层级关系比较紧密，涵盖的范围比较广。

有宠的结构层如图 3-8 所示。

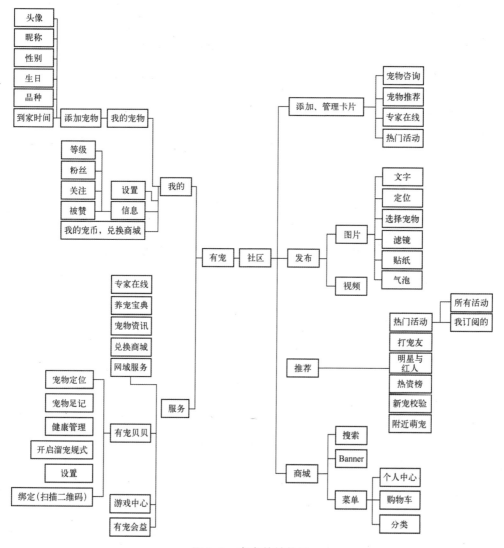

图 3-8　有宠的结构层

闻闻窝的结构层如图 3-9 所示。

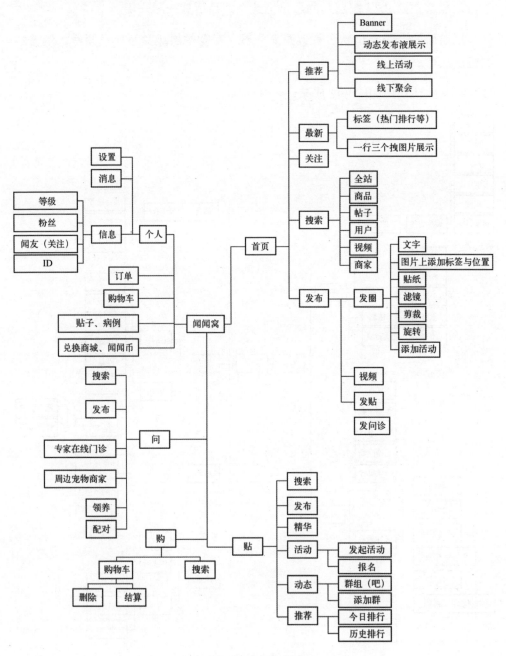

图 3-9　闻闻窝的结构层

握爪的结构图如图 3-10 所示。

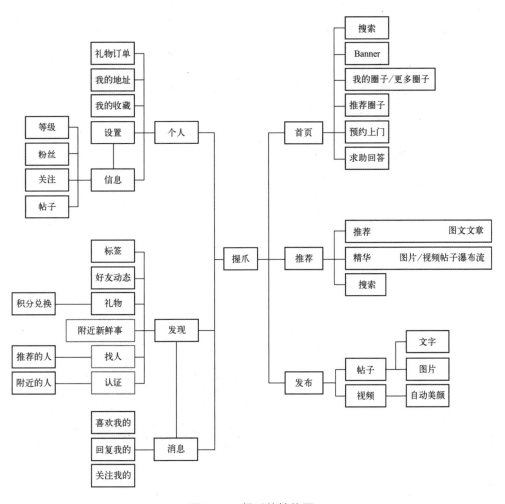

图 3-10　握爪的结构图

④ 框架层：是整个产品的架子，就像房屋的梁。

a. 有宠 App 部分界面如图 3-11 所示。有宠界面设计做得非常完善，主体使用大图版率，而上方和下方的操作区间占比不到 20%，所以可以让用户一眼就看到"最重要的东西"。

b. 闻闻窝 App 部分界面如图 3-12 所示。

图 3-11　有宠 App 部分界面

图 3-12　闻闻窝 App 部分界面

结合上面的产品定位我们可以看出，闻闻窝受众群体基数较大，相比较而言界面结构比较简洁，更能让大部分人理解和接受。

c. 握爪 App 部分界面如图 3-13 所示。

图 3-13　握爪 App 部分界面

这 3 个 App 都采用了底部 Tab 标签式的导航，入口清晰，方便用户来回切换，3 个 App 强调点不同，结构框架存在不同。导航栏这几个元素的使用频率较高，将它们设置为全局导航完全合理，用户在任何页面都可以快速切换至导航栏中的其他页面。

⑤ 表现层：UI 的视觉界面，最表面的视觉感官。

有宠 App 部分界面如图 3-14 所示。

有宠社区里面有宠圈，资讯里有各种要闻、信息，商城里会买各种宠物用品，服务里有各种宝典专家为你解决问题，配色采用红色的导航栏，搜索设置按钮都在顶部，方便用户搜索。在色彩搭配上，主次分明，整体搭配协调一致。

图 3-14　有宠 App 部分界面 2

闻闻窝 App 部分界面如图 3-15 所示。

图 3-15　闻闻窝 App 部分界面 2

闻闻窝首页有搜索框，以方便用户搜索、发布信息，发现里有专家问诊、周边服务以及线上活动。配色采用粉红色的导航栏，在色彩搭配上，主次分明，整体搭配协调一致。

握爪 App 部分界面如图 3-16 所示。

图 3-16　握爪 App 部分界面 2

握爪 App 首页下面有客服栏，里面有客服的联系方式，主要是以购买宠物为主，品种里可以找到热门品种，商家里有每个卖家的信息，可以随时跟你喜欢的宠物商家聊天咨询，配色采用绿色的导航栏，给人一种安全的感觉。

**2．用户研究**

用户研究的首要任务是帮助企业定义产品的目标用户群，明确、细化产品概念，并通过对用户的任务操作习惯、行为特征、心理特征的研究，使用户的实际需求成为产品的需求，使产品更符合用户的使用习惯。

（1）用户研究的方法

传统的用户研究的方法有问卷调查和深度访谈。互联网发展得太快，传统的用户研究方法已经不在互联网的中心舞台，无论是公司内部的用户研究团队做这样大规模的研究，还是让第三方公司代为执行，它的执行效率和性价比都已逐渐跟上新的方式。对于产品研发团队，每个人都应该具有用户研究的能力，每天都要通过观察产品数据的变化、阅读用户在线反馈、在微博等社交媒体上搜索关键字观察用户关于产品的言论、不停地和用户交流等新方式去进行用户研究。但传统的方法依然是了解用户的必经途径。

用户研究的其他方法包括现场观察、民族志（参与式观察）、影随、深度访谈、焦点小组、问卷调查、日记法、日志分析、亲和图、任务角色、情绪板、语义差异方法等。

实际上一些小型公司在没有渠道和大量用户的情况下想获得数据样本还是很难的，但是样本的数量和调研方法通常决定了结论是否合理。所以在这里总结了一些快速调研的方法。

（2）快速调研的方法

1）一系列设计好的问题及假设。没有这些，就没有办法通过调研获取更大的回报。在开始快速调研之前，团队中的每个成员都需要对你为测试原型准备的问题和假设达成一致。

2）有倾向性和针对性的招募用户。根据你的目标认真招募用户：已有客户、潜在客户、典型客户等。例如，在做社交宠物类型的 App 时，你所调研的用户一定是爱好宠物、养宠物的人群。

3）一个接近真实产品的原型。通过聆听用户的想法你可以学到很多，但是通过观察人们如何与原型互动可以让你有更多的收获。产品原型越真实越好——你一定希望听见用户对真实产品的想法，而不是对他们想象中的产品的反馈吧。

4）通过 5 个一对一的访谈，结合开放性问题及任务导向问题对原型进行评估。一对一访谈（当面或远程）是定性研究的有效途径。在访谈中，既可以按制定好的访谈问题顺序提问，也可以根据你的兴趣随时转换话题。

5）及时归纳总结调研中的发现。整个团队都需要认真观看访谈过程、记笔记、归纳总结访谈中的发现，并决定下一步的工作，这些需要在产品开始前完成。

经过我们的用户深度访谈和对 3 款不同宠物社交 App 的竞品分析，我们总结出以下 3 点：对整个市场仅提供一种产品；为每一个细分的子市场提供不同的产品；仅选择一个细分后的子市场，提供相应的产品。

3 种不同的供应方法满足的目标人群不一样，我们选择第三种方法，所以我们仅针对 18～30 岁的目标人群，把这一群体当作我们的核心用户，以核心用户为中心，为他们量身定制一款宠物社交 App。

不同的分析方法所针对的项目类型和项目的阶段是不同的，且需要根据实际情况做出合理的用户研究的方法，这样效率也会不断提升的。

## 3.1.2　如何进行产品设计

下面介绍产品的规划设计。当开始规划设计一个新的产品时，通常会通过多种方式来收集用户需求（用户调研、用户反馈、数据分析、内部决策等），但拿到这些零散的需求之后，该如何科学合理地使用这些需求来指导产品设计就是一个大问题。

首先先来看一下什么是需求？需求是人们的需要或欲望。需要是指一些人得不到满足的感觉状态；欲望意味着人们想要得到一些满足特定项目的需要的想法。各种各样的欲望和需要开发各种用户需求。产品需求不等于用户的需求。

用户需求是用户从他自己的角度来看，认为可以满足他的需求。而产品的需求是一种产品或服务来满足用户的特定需要的集合。产品需求是提炼分析用户的真实需求，并符合产品定位的解决方案。解决方案可被理解为一个产品、一个功能或者服务、一个活动、一个机制。

如何把用户需求转为为产品需求，中间的纽带是什么？它就是需求分析。需求分析就是从用户提出的需求出发，挖掘用户内心真正的目标，并转为为产品需求的过程。不能简单地看待用户需求，而是应该去挖掘用户产生这个需求时，其心里是什么驱动着用户。

**1．如何发掘需求**

（1）七宗罪

"贪婪、懒惰、傲慢、嫉妒、暴怒、贪食、色欲"这是人本身具备的 7 种心理。互联网的出现就应对了用户日益增长和变化的 7 种心理。淘宝之所以能够实现如今的价值，是因为它满足了用户对价格的追求和足不出户就可以购物的便捷心理。微博、微信等软件中的点赞、转发等功能几乎是社交软件的必备，这应对了用户的傲慢心理，用户的表现欲望、渴望得到认同的心理是发展初期 UGC 内容产出的保证。

（2）马斯洛需要层次理论（见图 3-17）

"生理、安全、爱与归属、尊重、自我实现"这是人们从低到高的一种需求层次，当低级需要得到满足的时候，用户才会追求更高层次的需要。所以针对不同的用户群，我们要考虑到他们所处的层次阶段。

图 3-17 马斯洛需要层次理论图

人们缺少什么，就会主动地去寻找什么。在互联网中，这就体现在处于不同需要层次的人，他们所关注的产品的不同。处于生理需要的人，他们会更多地关注生活、住房、水电等产品；处于安全需要的人，保险理财产品、匿名社交产品往往会是他们的最爱。现如今使用互联网的人群正处于后 3 个层次，因此社交软件、资讯软件、直播软件等产品会以井喷的形式出现。

理想和现实的落差是需求产生的根本原因。在有限的市场中，如何挑战权威、谋求发展，需要我们对用户的需求有更深入的理解。

需求分为获取、分析、管理和实现 4 部分，如图 3-18 所示。

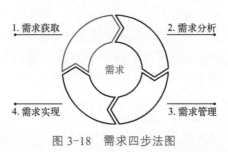

图 3-18 需求四步法图

（3）通过渠道获取需求

对产品经理而言，需求获取主要可分为两类：外部渠道和内部渠道，如图 3-19 所示。

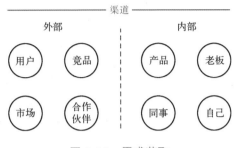

图 3-19　需求获取

1）外部。

① 市场：类似之前提到的市场分析，可以了解到行业内布的情况和大致的产品发展方向。市场分析的获取方式有以下几种：关注行业的相关政策，并考虑对需求和产品的影响；关注行业信息，对需求和产品需求的产业趋势的影响。

② 竞品：知己知彼，方能生产出立足于市场的好产品。竞品分为两种：一种是使用相同的产品功能，以满足相同的用户需求的产品；另一种是使用不同的产品功能，以满足相同的用户需求的产品。竞争产品满足用户的需求，满意度将对我们产生影响，也为我们的产品设计带来一些启示。需求可以通过竞争分析获得。使用与我们相同或相似的功能，满足用户对产品的相同需求，用我们不同的功能来满足用户对产品的相同需求。竞品分析是找出有代表性的有竞争力的产品，从相似产品的多个维度之间的差异与我们的产品相比，进行优劣势分析。此外，竞品分析应该是连续的。

③ 用户：这个是最通常意义上的需求。这将结合所提到的马斯洛需求层次理论来获取我们需要的需求，从底部的生理需求到顶部的自我实现，研究在不同层次用户的需求，从而形成不同的产品/服务，以满足不同的需要。因此，在互联网时代，对产品的要求不仅限于是否可以解决用户的问题，还要考虑用户的需求，使我们的解决方案比现有的解决方案更好，以解决用户的问题。来自用户的需求主要通过在线反馈、论坛、App Store 评论、离线用户访谈、问卷调查、日常观察等方式进行。这些方法可分为 3 类：用户研究、用户反馈、数据分析。

a. 用户研究。

a）问卷调查：在前期比较有效率的方法，发放大量的调查问卷。问卷调查的方法比较适合应用在用户比较多的产品上。因为调查问卷的数据显示，你无法通过语言、表情来了解用户的真实感受，收集来的数据和信息往往具有一定的偏颇。

b）设身处地：同样的情况下把自己当作用户，使用自己的产品。

b. 用户反馈。产品上线后，我们就可以开始收集用户反馈了。用户反馈可以通过线上的意见反馈、产品论坛、App Store 评论、安卓应用商店评论、社交媒体评论等渠道获取。其中线上的意见反馈存在一个前提，即产品本身要有反馈入口和良好的反馈机制，这样用户才有抱怨产品的地方。通过这些反馈，我们可以了解用户在使用产品时遇到的问题以及一些之前根本没考虑到的需求点。

2）内部。

① 产品：会产生用户行为数据中使用的产品，这些客观数据在一定程度上反映了用户的需求。获取途径：数据分析。通常，有两种东西会反映一个人的心理，一个是他所说的，另一个是他在做什么。用户研究和用户反馈就是听用户说话。数据分析则是看用户"做事"。做事就是用户在使用产品过程中所产生的行为。用户的行为将以数据的形式记录下来。我们所指的数据分析是对这部分数据的分析。这部分数据包括 PV、UV、日活、月活、页面访问路径、单次使用时间长、次日留存率等。分析这些用户行为数据可以帮助产品经理更好地了解用户的真实需求。

② 老板：企业经营的根本目的是盈利。产品在满足用户需求的同时必须兼顾公司的战略需求。这种需求通常是老板或公司的高层管理人员掌握。

③ 同事：产品从诞生到上线，需要以下角色参与：产品、研发、设计、运营、营销、销售、客户服务。其中，运营、营销和销售（解决产品价值合作伙伴的问题）、客户服务（解决用户问题）最贴近用户。谁最能了解用户的抱怨点，谁就可以提出产品建设性建议。

④ 自己：应该成为产品的用户，也是产品的目标用户。在使用产品的过程中找到用户的需求，从而更好地帮助用户解决问题。

3）其次是特殊用户的特殊需求

① 对于老年人：需要配备急救箱，让车内的触控面板上的字更大，有语

音说话。需要加入支持轮椅的设计，设备要有足够多的物理反馈。

② 对于家庭：需要有足够多的娱乐设备供小孩儿玩。

③ 对于年轻人：隔板间、KTV 和好的音响。

场景 = 空间 + 时间。近年来，场景是互联网行业比较火的一个词，它是一个多维的概念，解释了两个维度的空间和时间。场景是用户在什么时候、什么地方（环境）使用的产品。

场景是用户在一个特定的时间和空间与产品产生交互的过程。用户为了完成任务而产生了多少问题，问题是什么，如何解决问题，这些都是在场景下发生的。了解用户与现有产品或现有方案的交互情况，可以在新产品设计过程中有针对性地优化产品、功能、流程，以创建更符合用户需求的产品。依据场景的设计可以满足用户在任何情境下的需求，如很多视频网站的夜间模式，黑暗的背景满足人们夜晚在被窝里看剧的需求。

用户、需求、场景是产品设计的核心三要素，三者之间也存在着紧密的联系。产品的诞生的意义就是为了解决某一群用户在某一场景下的某一需求。只有将产品的目标用户、用户需求以及使用场景这三个方面研究透彻，才能设计出一款好的产品。

**2．区别真需求和伪需求**

不同的用户会告诉我们不同的需求，作为产品经理，如果我们不能很好地理解这些需求是"真需求"还是"伪需求"，不能在恰当的场景中分析这些需求，那么我们对用户需求的理解就会存在偏差，让产品走上一条歧路。

例如，A 说他想吃包子，B 说他想吃馒头，C 说他想吃饺子，如何满足这些需求呢？按照我自身的理解，我认为可以有 2 种理解：

a）他们的需求就是吃包子、馒头、饺子，分别满足就可以了。

b）他们之所以想吃是因为他们饿了，所以此时他们的需要不是包子、馒头、饺子，而是一顿饭。

**3．原型设计**

每年，都有很多人通过概念机来窥见移动终端的未来。移动设备厂商在这些独一无二的概念机上投入数年时间和数百万美元，但大多数概念机都没有被量产。量产的往往也只是原始想象中的一小部分。

　　在移动互联网行业，竞争相当激烈。创新不只是保持领先的手段，而往往是一种生存手段。每部概念机都是一次设计练习，都是对可能性、可行性和市场的探索——这就是原型。

　　原型设计是一个产品的早期模型用来测试概念或者图像化的一个方法。软件公司在创作真实的应用之前也要构建软件模型来探讨想法。在 App 开发环境中，原型设计是 App 的早期样本，具有完整的功能，包含基本的 UI；是设计方案的表达；是产品经理、交互设计师的重要产出物之一。产品界面原型其实就是页面级别的信息架构、文案设计以及页面和页面之间的交互流程，它是产品功能与内容的示意图（见图 3-20）。

图 3-20　低保真原型图

　　原型是一种用户能理解的模型，它能够描述系统应该做什么、如何运作、外观如何等、根据设计目的及制作上的难易度，原型分为初级原型和高级原型。

　　低保真产品原型：是对产品较简单的模拟，它只是简单地表述了产品的外部特征和基本功能构架，很多时候都是用简单的设计工具迅速制作出来，用来表示最初的设计概念和思路。例如，用纸和笔进行的手绘，用画图软件做出的简单线框图，都算是低保真产品原型。

高保真产品原型：是高功能性、高互动性的原型设计，是完整展示产品功能、界面元素、功能流程的一种表现手段。原型图中无论是功能模块的大小，还是文案设计甚至是所用的图标、图例、交互动作，都使用真实素材，或者说和最终 UI 设计师的产出非常接近。低保真原型、高保真原型以及成品之间的对比图如图 3-21 所示。

图 3-21　低保真原型、高保真原型以及成品之间对比图

原型设计在整个产品设计流程中处于最为重要的位置，有着承前启后的用处。原型设计之前的需求或是功能都相对抽象，原型设计就是将抽象信息转化为具象信息的过程，之后的产品需求文档（PRD）是对原型设计中的版块、界面、元素及它们之间的逻辑关系进行描述和说明。因此，原型设计的重要性无可替代，产品经理要对此有绝对的控制和驾驭能力。

在纸上描述你的想法——纸原型，现在你有了一个 App 想法，如何为你的 App 创作一个原型？可以通过多种形式来实现你的原型。它可以是纸制的，也可以是电子的。它总是从手绘的概念开始，强烈建议用纸来勾勒出你的 App 设计。这是创造 App 原型最简洁的方式。纸仍然是最好的方法来快速记录你脑海里的全部想法。例如，构建一个食物 App 来保存最喜欢的餐厅，或是想为自己构建一个 App 来提供一个私人饮食指南。这个 App 有以下特征：

1）在主屏上列出最喜欢的餐厅。

2）创建一个餐厅记录，从相册导入相片作为餐厅图片。

3）本地保存餐厅，然后把它分享给世界上其他的美食家。

4）在地图上显示餐厅位置。

5）观看其他美食家分享的餐厅。

我觉得其他人也会喜欢这个想法。为了测试我的想法，我先把我的设计画在纸上，如图 3-22 所示。

图 3-22　草图

（1）Mockplus（摩客）

摩客给用户提供了拖曳设计原型的功能，如图 3-23 所示。

摩客为喜欢使用纸和笔的设计师提供了更多的灵活性，可以使用素描风格的组件来绘制原型。摩客丰富的组件库和图标也让设计更加高效。

图 3-23  Mockplus 界面展示

摩客的易用性还表现在建立原型的速度上。如果使用其他工具，可能需要消耗大量的时间来实现一个原型，但使用摩客只要几分钟即可。通过扫描二维码还可以快速地预览原型。

今年摩客团队推出了 2.3 版本，这就意味着你能够使用更加简单的拖拽实现交互功能的设计。高度封装的交互组件（如弹出面板、弹窗、弹出菜单、抽屉、内容面板、轮播、滚动区等）让原型设计变得更加简单、高效。

（2）Axure RP8.0（见图 3-24）

图 3-24  Axure RP8.0 界面展示

.Axure RP 是一个专业的快速原型设计工具。Axure 是产品经理的必备工具，具体的制作流程如下：

1）定义项目的页面层级，输出页面思维导图。

确定了这一阶段的功能结构后，很多产品经理就直接进入到原型设计和流程设计这一步，这会使自己在进行原型设计时，因考虑的内容过多让原型设计比较缓慢，同时任何页面上的变更都会导致原型的修改，从而影响项目本身的进度。这就是为什么要在前期做页面层级。

使用拼多多的客服页面来举例，如图 3-25 所示。

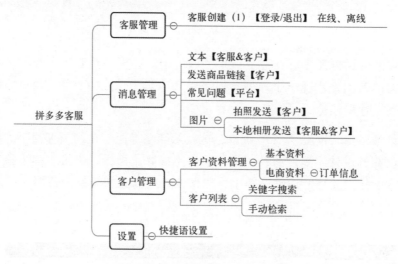

图 3-25　拼多多客服的思维导图

在分析时，标注了功能的使用者，这样在之后整理功能时，可以更加快速地定位页面的功能展现对象。

2）用户页面分析（举例）。

① 注册和登录页面一定是要有的，这保障了用户进入咨询流程的区分。

② 会话页面一定是要有的，这保证了客户和客服消息有双方可见的展现。

③ 功能选择页面一定是有的，这保证了在单一页面的简洁性。

④ 图片发送页面一定是要有的，这保证了售后服务的服务快速定位。

⑤ 商品选择页面不一定有，产品限制了不能发送店铺所有的商品。

3）客服页面分析（举例）。

① 用户列表页面一定是有的，这保证了定位用户问题。

② 会话页面一定是有的，这对应了用户的会话页面。

③ 设置页面一定是有的，这保证了电商部分属性的功能：快捷回复、自动回复等。

④ 聊天记录页面一定是有的，这保证了之后的问题追溯。

用户界面思维导图如图 3-26 所示。

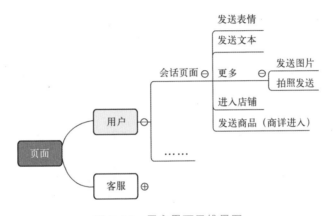

图 3-26　用户界面思维导图

拼多多对本身产品的定义是：功能必须轻快。所以，在用户端、功能和页面都很轻，不像淘宝能够发送短视频等，这保证了整个 App 的体验一致性。

总结：理清楚功能的联系、使用对象、页面面向的对象，可以逐步调整总体框架，也可以将细节整理到位置。

4）工具的快捷功能。

① 重复页面或者功能，采用母版的形式，如网站的导航等，如图 3-27 所示。

图 3-27　Axure 8.0 母版工具

　　母版有以下 3 种行为（修改其他地方，母版也修改）：①任意位置，可以移动到不同页面的任何位置；②固定位置，母版位置为（0,0），移动至任何页面位置都固定为（0,0）；③脱离模板，修改移动的母版后，母版不修改，可以移动至任意位置，如图 3-28 所示。

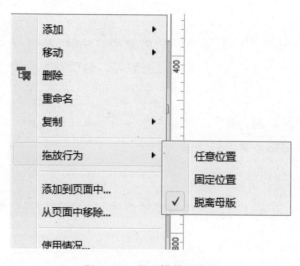

图 3-28　母版操作示意图

② 快速的对齐。对齐功能看似很轻松，然而这个操作在制作列表这样的功能时会占用大量时间。以下是 4 个最常用的快捷键。

选中原件居中对齐：Ctrl+Alt+C，选中原件上线对齐：Ctrl+Alt+M，选中原件水平分布：Ctrl+Shift+H，选中原件垂直分布：Ctrl+Shift+U。

③ 类似页面的快速处理。页面导航中选择你想做的页面，单击鼠标右键，在弹出的快捷菜单中选择"复制"即可，如图 3-29 所示。

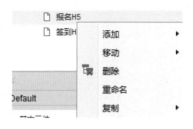

图 3-29　页面复制操作示意图

④ 基础交互的提前定义。在一个原型中，我定义为交互原型。其中有很多上用得上的小交互，如轮播、隐藏、显示、动态面板切换、中继器（很少用）、优质的导航、页面模板、按钮的移入/移出等。在之后的原型制作中，你能够快速地制作具有一定交互的原型，并且只要很小的改动就可以实现你想要的效果。

⑤ 常用的图标库。在一个原型中，可以将这样的图标库放到交互原型中，手动设计常用的图标和控件，如按钮、列表、图形、icon 等。这样，在之后制作原型时，就不需要每次换颜色都去找图标，只需要在你的原型中复制过来，更改颜色就行，连大小都可以不需要更改。步骤④和⑤只能是对交互和颜色有需求时才会真正有用。如果你习惯了将没有联系的操作分开画原型，那么这两步可以暂时省略。

5）正式的原型制作，并和业务方的博弈。

在原型的制作中期，当基本的框架已经完成时，请及时和业务方确认，让业务方对原型的合理性进行评估。

## 3.2　产品视觉设计的表现与方法

### 3.2.1　移动视觉设计的利器——Photoshop

Adobe Photoshop（简称 PS）具有强大的绘图、校正图片及图像创作功能。Photoshop 的前身是一个叫 Barney Scan 的扫描仪配套软件，后来被 Adobe

公司开发成为功能更为强大的图像处理软件。Photoshop 界面亲和、功能强大、操作简单，具有无与伦比的创造性和趣味性。

图 3-30　PS 的图标

经过 Thomas 和其他 Adobe 工程师的努力，Photoshop 版本 1.0 于 1990 年 2 月正式发行。第一个版本只有一个 800KB 的软盘（Mac）。

自从 Photoshop CC 推出后，Adobe 对其进行了三次重大更新，Photoshop CC 2017 是现在最新版本。

最初，Photoshop 仅仅只是用于处理灰度图像的简单软件，而今天的 Photoshop 已不仅仅是一个应用。Photoshop 的出现改变了大家处理图像的方式，同时也改变了图像的创建方式。

**1．专业技术领域及用途**

很多人对于 Photoshop 的了解仅限于"一个处理图像很便捷的工具"，并不知道它的诸多应用。实际上，Photoshop 的应用领域是很广泛的，在图像、图形、文字、视频、出版各方面都有涉及。

（1）平面设计

平面设计是 Photoshop 应用最为广泛的领域，不管是我们正在阅读的图书封面，还是大街上看到的传单、各种海报，这些具有丰富图像的平面印刷品基本上都需要 Photoshop 软件对图像进行处理。

（2）修复照片

Photoshop 有强大的修图功能。利用这些功能，可以快速修复一张破损的旧照片，也可以修复人脸上的斑点等缺陷。

（3）广告摄影

广告摄影作为一种对视觉要求非常严格的工作，其最终成品往往要经过 Photoshop 的修改才能得到满意的效果。

（4）影像创意

影像创意是 Photoshop 的特长，通过 Photoshop 的处理可以将原本不同的图片元素组合在一起，也可以使用"移花接木"的手段使图像发生巨大的变化。

（5）文字创意设计

利用 Photoshop 可以使文字发生各种各样的变化，如图 3-31 所示。

图 3-31　利用 Photoshop 处理过的艺术字

（6）网页设计

在制作网页时，Photoshop 是必不可少的网页图像处理软件，如图 3-32 所示。

（7）游戏手绘

Photoshop 具有良好的绘画与调色功能，许多插画设计制作者往往使用铅笔绘制草稿，然后用 Photoshop 填色的方法来绘制插画。除此之外，近些年来非常流行的像素画也多为设计师使用 Photoshop 创作的作品，如图 3-33 所示。

图 3-32　利用 Photoshop 制作的网页

图 3-33　利用 Photoshop 创作的像素画

（8）婚纱照片设计

当前越来越多的婚纱影楼开始使用数码照相机，这也使得婚纱照片设计的处理成为一个新兴的行业。

（9）图标设计制作

虽然使用 Photoshop 制作图标在感觉上有些大材小用，但使用该软件制作的图标的确非常精美，如图 3-34 所示。

图 3-34　使用 Photoshop 制作的图标

（10）界面设计制作

　　界面设计是一个全新的领域，当前还没有用于做界面设计的专业软件，因此绝大多数设计者使用的都是 Photoshop。Photoshop 制作的界面如图 3-35 所示。

图 3-35　使用 Photoshop 制作的界面

Photoshop 的应用实际上不止上述这些。例如，目前在建筑、影视后期制作及二维动画制作等方面也会用到 Photoshop。

**2．UI 设计师必备技能——Photoshop**

Adobe Photoshop 是由 Adobe Systems 开发和发行的图像处理软件。Photoshop 主要处理以像素所构成的数字图像。

2003 年，Adobe Photoshop 8 被更名为 Adobe Photoshop CS。2013 年 7 月，Adobe 公司推出了最新版本的 Photoshop CC，自此，Photoshop CS6 作为 Adobe CS 系列的最后一个版本被新的 CC 系列取代。Adobe 支持 Windows 操作系统、安卓系统与 Mac OS。Photoshop CC 启动界面如图 3-36 所示。

图 3-36　Photoshop CC 启动界面

Photoshop（简称 PS）界面主要分为五大块：菜单栏、工具栏、工具箱、面板及编辑区。面板中的图层面板是主要编辑区，一个丰富的界面效果由若干个图层叠加而成。Photoshop CC 界面如图 3-37 所示。

Photoshop CC 的打开界面如图 3-38 所示。

图 3-37　Photoshop CC 界面

图 3-38　Photoshop CC 的打开界面

Photoshop 的工具箱分为以下四大模块：选择工具箱、绘画与修饰工具箱、矢量图形工具箱（网页和 UI、加减运算）和其他工具箱，如图 3-39 所示。

下面简单介绍 UI 设计中这些工具的作用。

1）在选择工具箱中，可以利用位图选框工具制作位图图标，如图 3-40 所示。

图 3-39　工具箱

图 3-40　位图图标

由于位图在制作图形时放大会失真，因此在 UI 图标设计中建议用矢量图形工具箱来绘制图标。

2）矢量图形工具箱。可以利用自定义图形来快速完成一些复杂图标绘制，如常用的矩形、圆角矩形、圆形等。

3）绘制界面。还可以利用这些工具制作出一些精美的页面，如图 3-41 所示。

**3. 关于选区那些事**

（1）增加选区

在处理图像时，常常要选择图像上两个或两个以上的选区，这时可先用选框工具选择第一个选区，再按住〈Shift〉键，用选框工具画出增加的区域。

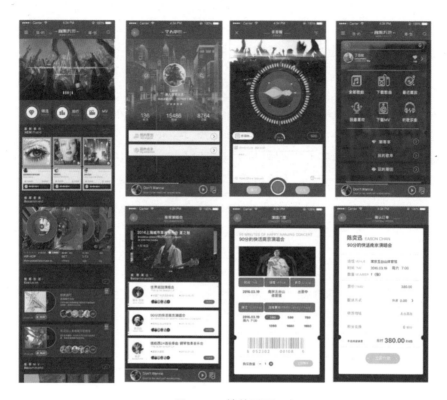

图 3-41 精美页面

（2）减少选区

"减少选区"的意思就是当我们打开一个图像，选定了一个选区，这时又想将选定的选区中的一部分去掉，则可以这样来处理：先在图像上选择一个选区，按住〈Alt〉键不动，再画出一个选区，确保第二个选区与第一个选区相交部分就是要去掉的部分。

（3）相交选区

在选择图像区域时，若先选定了一个区域，这时再按住〈Shift+Alt〉键再选中一块区域，那么最后选中的区域就是两次选中区域的相交部分。

**4. Photoshop 中智能对象的运用**

为了在编辑图像时不破坏图像原有的像素，则需要将其转换为智能对象，图像本身在缩小、放大之后会导致图像的失真，转换为智能对象之后可以锁定原有图像的像素，再次编辑时不会受其影响。通过保护原始像素，任何缩小的处理都会表现得非常好，但是放大处理仍然会变得模糊，毕竟需要通过计算添加一些原本没有的信息。当然，智能对象的表现会远高于普通图层的处理，所以最好在一开始就选择像素很高的源文件来处理，避免放大操作。

### 5. Photoshop 和 Illustrator 的结合使用

Adobe 旗下的 Photoshop 和 Illustrator 互补使用，Adobe Illustrator 是矢量制图软件，制图快速便捷，如描边。运用 Photoshop 来丰富页面效果。在 Illustrator 中制作好的图形可以直接拖曳至 Photoshop 中，与 Photoshop 进行结合使用，以达到界面更完美的效果。

在 Photoshop 中绘制的图像所包含的图层也可以直接载入 Illustrator 当中进行编辑。

### 6. Photoshop 界面制图习惯参考

现在是互联网发展的时代，部分传统企业也转型加入互联网行业，对于 UI 设计师的需求也日益加大，同时也加大了对 UI 设计师的综合要求。软件的熟练使用是现在 UI 设计师必须具备的条件。

依照作图习惯，左侧的工具箱可以保持不变，将右侧的模块分类，图层是 PS 中最重要的模块，单独列为一组，文字、属性、段落列于图层左侧，每一组常用的可以默认收缩，便于调用，可以节省空间，大大提高界面绘图效率。

也可以在设计中不断调整自己的工作界面，使软件更加方便易用。设计师 Photoshop CC 工作界面如图 3-42 所示。

如前面提到的，在一些图层样式和图案叠加中可以添加一些常用的图案，制作出丰富的页面效果，增加情感化设计。

PS 是非常强大的制作图像处理的软件之一，滤镜、图层样式、混合模式都是设计师在制作特效中非常喜欢使用的。

## 3.2.2 不同手机系统平台之间的特殊区分

现有的移动产品主要可以分为以下几种类型，首先是我们所熟知的手机应用。对于手机应用来说，根据开发语言的不同又可以分为原生应用和混合型应用两种类型，原生应用现在所占据的比重已经很少了，一般只是运用在系统自带的一些应用，而大量第三方应用的类型都属于混合型应用的范畴。除了手机第三方应用之外，还有一种移动产品在开始逐渐崭露头角，也就是以 HTML 5 为主导的移动网页产品。

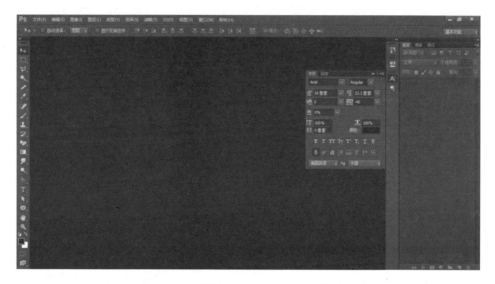

图 3-42　设计师 Photoshop CC 工作界面

**1．HTML 5 的概况**

2014 年 10 月，随着 HTML 5 的最终定稿，掀起了 Web 时代的新浪潮，在移动界面的世界中，除了原生应用（Native App）之外，移动端网页伴随着 HTML 5 的出现成为移动界面中重要的组成部分之一。

对于 HTML 5 来说，其最大的优势之一就是对于移动端的延展和改变。移动互联的出现将 HTML 5 推向了一个新高潮，也给移动端视觉设计和网页开发注入了一支新的力量。

各大浏览器也都纷纷支持 HTML 5，它使网页内容更加丰富，不仅可以显示三维图形，还可以在不使用 Flash 插件的基础上实现音频、视频等视觉效果。

HTML 5 建立在 HTML 4 的基础之上，并且在开发中加进了一些新的标记、属性、功能，如新的 HTML 文档结构、新的 CSS 标准、API 等。

### 2．响应式设计

HTML 5 是一种可以被 PC、MAC、iPhone、iPad、Android 等多端浏览器支持的跨平台语言，如图 3-43 所示。

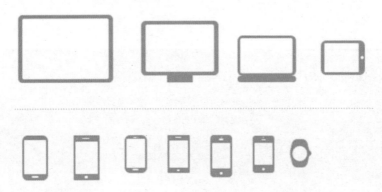

图 3-43　多种终端

在 HTML 5 诞生之后，网页设计中最大的改变就是响应式设计的出现。PC 端网页产品会随着浏览器宽度的变化而进行网页内部元素的重组，以适应各种终端不同的屏幕变化，如图 3-44 所示。

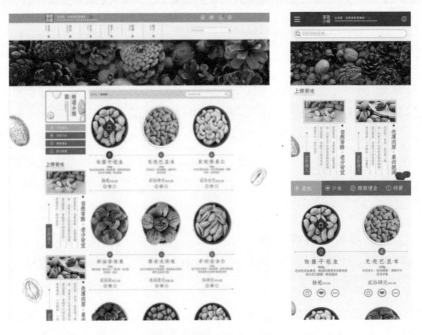

图 3-44　响应式网页展示

其实响应式设计也就是一个网站能够兼容多个终端和设备，而并不是为每个终端做一个特定的版本来进行使用，这样，在减少了开发成本的同时也能够达到一个好的使用体验，真正实现跨平台展现的特点，只需浏览器便可进行浏览，而不会像原生应用一样进行下载和安装，占据手机内存。

从设计角度来讲，原先只针对 PC 端进行网页设计即可，现在需要通过主流设备的类型及尺寸来确定布局以便于设计多套样式，再分别投射到响应的设备来进行显示。

通俗地讲，我们需要在哪些尺寸下改变网页布局，也就是我们所说的断点，如图 3-45 所示。

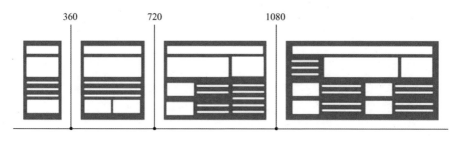

图 3-45　网页布局断点划分

那么，断点是如何设置的呢？断点的设置都是根据内容的需要而进行的，当网页显示的内容和元素组成在达到一个临界点时（也就是视觉效果不符合人们的审美或者影响到了网页元素的组成和结构），就需要设置断点。问题是我们可能无法在视觉设计的阶段就能覆盖所有的尺寸，这就需要结合现有的常规终端设备来确立断点并完成设计。

**3．HTML 5 的应用领域**

1）响应式网站的设计。

2）HTML 5（简称 H5）微信营销广告。H5 微信营销广告中的"H5"是指传播于微信朋友圈中的电子营销案例，如同当年的室外广告或者是户外 LED 屏幕广告一样，只不过是现在运用到了移动互联网媒介来进行展现，利用移动互联传播性快的特点进行宣传营销的电子广告。

用户可以浏览、互动甚至分享，其娱乐性、交互性、实时性极强。H5 微信营销广告的设计也成为众多广告人、视觉设计师、商业插画师涉足互联网的重要通道，同时创意独特以及推广度高的微信营销广告也是一个设计团队最好的宣传手段之一。H5 微信营销广告如图 3-46 所示。

图 3-46　H5 微信营销广告

### 4．为什么 HTML 5 备受关注

（1）技术支持

新添加的标签，更加便于 SEO（搜索引擎优化），提高浏览器对于导航、栏目链接、菜单、文章等其他部分的搜索，从而帮助网站提升内容的价值。

开发移动 App 的方式，从 Native（本地 App）到 HTML 5，再到 Hybrid（混合型）的出现，提高了开发速度，前端工程师可以使用 Cordova 框架或 HBuilder 软件等来开发，减少于插件，节约于开发成本，如果同一个功能要运行，则只需要在不同的平台进行编译就可以。

（2）硬件支持

首先来看一下 Android 系统。Android 从大量使用 Android 4.0、Android 4.3 到 Android 5.0 版本，从 Android WebKit 浏览器到 Chromium 内核的发展，大大提高了 Android 手机的性能。其中，Android 手机端的百度浏览器、UC 浏览器、QQ 浏览器对 HTML 5 都支持。

其次是 iOS 系统，iOS 从 4s 到 6s，速度提高了 7.5 倍，支持 HTML 5 新特性的更新升级，如 WebSockets、加速器、新的表单控件与属性、支持新的 Event、SVG。

（3）厂商支持

移动端：iOS 的 Safari、安卓的 CC 给了 H5 极大的支持。

PC 端：Chrome、IE 9、Opera 以及国内的一些浏览器，如 360 极速、搜狗、遨游、QQ 都开始支持 HTML 5。

## 3.2.3　移动用户界面的视觉风格总结

移动界面设计经历了拟物化设计时代以及扁平化设计时代。其实影响界面设计风格的因素有很多，如产品开发的成本、设计的视觉表现的情感、信息传递速度的直观与否以及原生系统的视觉风格引导。举一个例子，iOS 系统在第 6 版本之前都是崇尚高度拟物的设计风格，当时投放到 iOS 系统中应用中心的第三方应用也都是以拟物化设计风格为主导，主要是为了迎合系统的视觉风格达到风格一致。当进入到 iOS 7 时代时，随着系统视觉语言的扁平化，随之而来的第三方应用的视觉风格也经历着一次设计语言的重大改变。

### 1. 扁平化设计风格

随着互联网媒介中界面设计的逐步发展，设计师可以清楚地发现界面设计的视觉效果已经从之前的拟物化风格（Skeuomorphic Design）变得越来越趋于轻量化的设计语言。

在 2010 年，微软推出了全新的封闭型移动端智能系统 Windows Phone 给界面设计语言注入了一股新的力量，也就是后来我们所熟知的扁平化设计，如图 3-47 所示。

互联网界面设计的风格也就是在这个时期开始发生新的改变。扁平化设计由最初的出现，再到蔓延，最后成为几乎覆盖全球界面设计语言，其发展速度和势头是非常快速和迅猛的。

虽然扁平化设计早已成为全球界面设计语言较为一致的声音，但是在扁平化设计后续的发展当中也逐步发生了一些微妙的变化和风格上的延展。纯扁平化设计似乎已经在界面设计中的出镜率不是很高了。我们可以发现随着时间的推移以及设计师的不断思考和推敲，扁平化也开始变得不那么扁平了。

图 3-47    扁平化界面

在扁平化设计引入之前，互联网界面设计更多的是以拟物化设计风格为主导（Skeuomorphic Design）。之前最为典型的是以 iOS 系统中拟物化的设计为代表，主要是通过质感来还原用户真实的世界和视觉效果，产生情感上的共鸣，让用户感觉到与实物的接近程度。在那个时代，拟物化的设计程度也成为视觉设计所追求的设计高度和软件技能的衡量标准。2013 年，iOS 7 在升级和更新以后，开始朝扁平化设计风格转变了。iOS 6 和 iOS 7 的桌面样式，如图 3-48 所示。

扁平化设计是一种纯二次元的设计风格，是完全抛弃了渐变、投影、羽化、斜面浮雕等这些拟物设计手法，仅利用色块拼贴进行视觉表现的一种抽象化的设计语言以及表现方式。纯扁平化设计以现有 Windows 8 系统、Windows Phone 系统等为代表。Windows 8 系统的界面如图 3-49 所示。

扁平化设计的特征如下。

1）没有多余的拟物设计效果，如投影、凹凸或渐变等。扁平化的设计核心对于我们的界面设计来说，极大削弱了拟物化设计的设计理念，甚至早期是完全摒弃。所以，设计师在进行扁平化界面设计的过程当中，更多的是需要从颜色、排版、图片搭配等方面去进行深入研究，只有在这些方面进行加强才可以平衡其视觉效果。

图 3-48　iOS 6 和 iOS 7 的桌面样式

图 3-49　Windows 8 系统的界面

2）配色要明亮清晰，不要使用纯色进行设计。扁平化设计的精髓是利用颜色拼贴来进行视觉表现。所以，对于颜色的把控和要求是扁平化设计当中非常重要的一个环节。在 iOS 及 Android 的设计语言中对于选择颜色也有着明确的规定。

设计师在使用颜色时，需要重点注意其选色的方式和方法。用一句话总结，就是"唯脏色与高饱和颜色不可用"。这里重点介绍一下后者，由于扁平化设计将界面配色的使用率推向了一个高潮，如果在界面中大量使用纯色，就会让整个画面看上去非常刺眼。因为颜色纯度越高，对于眼球的刺激就会越大。当利用 Photoshop 选取颜色时，会按照图 3-50 所标注出来的范围进行选取，这样效果会更好。

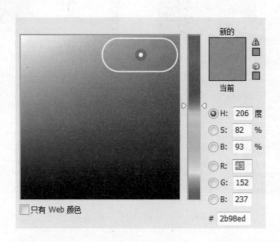

图 3-50　颜色选取范围示意

当利用扁平化设计进行界面设计时，最好是合理地利用相邻色和对比色进行穿插，以便于达到较好的配色效果。一般主色调和相邻色会占据绝大部分的配色区域，而对比色只作为调和色进行点缀。

3）大量使用简洁风格的元素，以色块拼贴为主。在这里更多的是指图标的使用、文字的排版搭配以及纹理的使用。简约风格界面展示如图 3-51 所示。

对于扁平化设计来说，细节依然是其生存的根本，但是细节的表现已经不再是追求极致的拟物，而是转化成了布局、配色、文字排版等方面来展现。其实设计出完美的扁平化设计需要设计师从规范性、视觉风格一致性、细节、配色、图片搭配和文字排版等多方面进行把控和平衡。

**2. 扁平化设计的发展**

扁平化风格始于以瑞士为代表的平面设计风格，对于后期的设计发挥了重要的作用。后期逐渐在网页和 App 的界面设计当中使用，包括文字的大小、文字与文字之间的距离应该多大都经过了一系列严格的考究。规范性可以保证整个设计产品的可用性原则最为基础的设计方式。

图 3-51　简约风格界面展示

源自瑞士的设计风格主要通过矢量抽象的元素设计风格进行展现，满足用户最为本质的需求，也就是获取信息，但是经过长期发展之后装饰性的元素逐渐占有较大的比重，甚至超越了印刷品原先的初衷，因此设计师们开始强调展现信息的功能以弱化多余的装饰。在此设计过程当中，文字排版和矢量元素的使用以及色块拼贴在视觉设计中被推上了高潮。瑞士设计风格印刷产品展示如图 3-52 所示。

瑞士设计风格的精髓在于以固有的平面设计风格，突出其稳健，并且视觉效果更加突出整洁、严谨、工整、理性化的特征，意在传达准确的信息给观看者，将信息传递作为产品最为本质和主要的方向进行塑造，如图 3-53 所示。

2010 年，微软推出 Windows Phone 的移动端智能系统时，将其系统的设计语言命名为 Modern UI，并且利用"动态磁贴"作为其设计的重点进行展示，方便用户在浏览该系统手机界面时可以更加快速地找到所需要的信息，减少陈余的视觉元素影响信息的传递，从而达到用户与信息的 "0" 距离接触。设计师所熟悉的 Metro 和 Modern UI 其实是一回事，后来国内根据其英文命名的含义将其取名为"扁平化"，扁平化设计也就是在这个时候正式出现。视觉设计师也开始尝试利用一些色块拼贴来重新设计和定义图标和界面，所以扁平化的设计产物开始迅速出现，如图 3-54 所示。

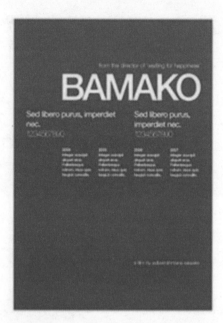

图 3-52　瑞士设计风格印刷产品展示

图 3-53　注重信息传递的产品设计示意图

图 3-54　色块拼贴作品示意图

2012 年扁平化风格被大众熟知是由于 Windows 8 的推出，当时对于设计师来讲更多的是在讨论视觉设计最终的走向，因为在 2012 年前后，依照手机智能系统的导向，主要以 iOS 系统的拟物化设计风格和新兴的扁平化设计风格为主，所以更多的从业者都在讨论和观望界面视觉设计的最终走向。

这个问题在 2013 年得到了明确的答案，同时 2013 年也最终确定了扁平化设计时代的展开。随着 iOS 7 的升级，带有鲜明特征的 iOS 风格的扁平化设计开始影响其广大的第三方应用。

**3．关于扁平化设计的讨论**

扁平化设计风格的界面由单色规矩的矩形色块组成，大字体并且伴有文字排版、简约时尚的动效，现代感以及科技感十足。其交互的核心在于功能本身的使用，完全抛弃了冗余的拟物元素，而是使用更直接的图形来完成信息的推送。

**4．扁平化的优点**

1）简约而不简单，扁平的设计使用栅格化进行设计、利用鲜明的色彩来让界面变得焕然一新。

2）突出内容主题，减弱各种多余的元素，让用户更加专注于信息的本身，在扁平化的视觉影响下界面和产品会显得非常简单易用。

3）让设计更加简约，使开发变得更加容易。优秀扁平的设计只需要考虑良好而丰富的框架，栅格排布和文字排版，配色及配图的高度一致性，而不再需要考虑更多的阴影、高光、渐变等拟物手法。

**4．扁平化的缺点**

设计需要付出一定的学习成本，并且由于完全摒弃了拟物化的设计手法，无法对于真实环境进行还原，无法从情感上和用户达成共鸣，所以扁平化设计风格传达的感情不丰富，甚至有时会过于冰冷。

所以，设计师在后来开始去尝试如何能够在保证扁平化设计优点的同时也能够改进其缺陷，达到更为优化的设计语言。所以，扁平化的设计风格开始有所改变，随着"伪扁平化设计"风格的逐步出现和发展，原先的扁平化开始变得不扁平了。

**5．塑造扁平化设计的方法**

由于扁平化设计极大地降低了拟物化的程度，虽然后期以伪扁平化设计为主，但依然保留了扁平化设计的精髓，所以要求设计师需要在框架结构、配色、图片搭配、拟物细节以及文字排版等方面同时提升。设计师在设计扁平化风格的界面时应该注意以下几个方面。

1）丰富的布局展示。利用列表、标签、宫格等布局方式的综合使用来丰富界面的框架。

2）颜色的合理使用。取色时要选择鲜亮、干净并且不要使用高饱和度的色彩进行设计。

3）丰富的排版效果。利用文字的信息层级决定了页面文字的跳跃率，在大小、颜色等方面使得文字排版更具灵活性。

4）配图的考究。使用高清并且颜色明亮清晰的图片。

5）配合工具图标进行点缀。

对于扁平化设计来说，需要同时考虑以上 5 个视觉元素来丰富和优化我们的视觉界面设计。但是仅仅做到以上这 5 点来说，还是很难去实现一幅优秀的扁平化设计产品。我们必须在保证页面设计的规范性及视觉风格的一致性的基础之上，来权衡和使用这些视觉元素的构成。这样，我们的界面才能达到一个较为优秀的视觉效果。

**6. 拟物化设计风格**

对于早期的设计，以 iOS 6 为代表的拟物化设计风格是当时界面设计的主要趋势，当时的设计师认为，界面质感少不了拟物化的设计。对于拟物化设计来说崇尚的是质感的还原于真实生活情境的再现，以便于能够达到用户和产品之间的情感共鸣。例如，iOS 3.0 版本中的阅读类应用，为了增加纸质的阅读感受，背景选用了带有纸质的颗粒感以及少量的折痕，在首页订阅的地方，相应的置顶区域所用的红色大头钉，也做得非常真实。这些细节为整个客户端营造了一种真实的应用环境。但是这种高度拟物的效果要适度，不要过分添加，不然会给开发带来很大的不便。拟物如图 3-55 所示。

图 3-55　拟物图标

对于界面上也同样如此，我们看到过各种软件比较爱使用的一些质感，如有些阅读类软件，背景会使用折纸或者发黄发旧的羊皮纸质感。有些音乐类型的软件可能就会还原调音台或者音响的这种深色塑料、金属等质感来完成设计，如图 3-56 所示。

在界面和界面图标的视觉表现上运用的质感手法，其实都是在模拟现实世界中各种物体给我们带来的主观感受。

虽然现在的设计趋势已经不以拟物质感表现为主，但是对于伪扁平化设计来讲，拟物化设计的影响还是很大的。对于界面视觉设计师来说，拥有强大的软件表现能力是极为重要的。拟物化手机界面如图 3-57 所示。

图 3-56　金属质感界面设计

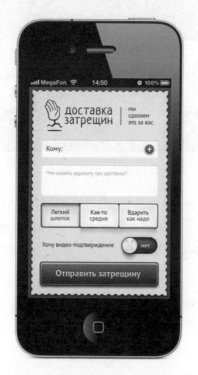

图 3-57　拟物化手机界面

### 3.2.4　移动用户界面的信息框架特点及使用场景

设计其实是一个悖论和矛盾体。仔细回顾一下我们在进行视觉设计的功能工作流程就会发现，设计和艺术最本质的区别在于"自我"与"他我"的区别。

艺术更多是表现和抒发自我的情感，而设计是为了服务用户，出发点不一样决定了其不一样的工作展开方式。

设计与艺术也有共同点，即都要围绕一个主题区进行发散的思维，每位设计师根据同一个主题可以设计和构思出不同的设计结果。

甚至我们可以做一个比喻，设计更像是"带着镣铐跳舞"的感觉，因为视觉设计师在进行创意表现的同时还需要考虑规范性的束缚，因为后期设计师一切的设计结果通通需要代码和开发去实现和落地，所以才会出现各种不同的设计规范和设计方式。例如，利用参考线而进行创意的栅格化设计就是一个典型的诠释，如图 3-58 所示。

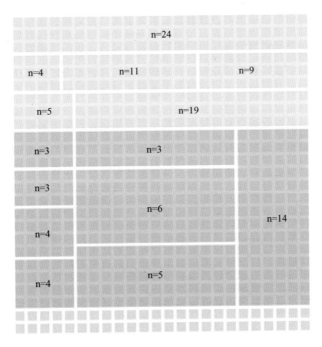

图 3-58　栅格化设计规范

对比产生视觉张力，这种手法是进行设觉设计非常重要的一种手段。例如，在进行文字排版过程中会发现，若按照信息层级的传递来区别标题文字、副标题文字及正文文字，则会使其产生大小、粗细、颜色甚至疏密程度的变化，文字在传递过程中就会显得更加有灵动性。

### 1. 关于"视觉设计的守恒定律"

关于视觉设计有一套非常有效的方法来进行表现。刚入行的初级设计师所面临最大的困难就是如何在平衡用户需求以及开发的基础之上，去丰富和优化界面的视觉效果。当碰到一个比较棘手的问题时，不妨把这个问题拆解成若干的小问题去逐一解决，这样就能清晰地看到构成这个问题的因素有哪些，并且逐一进行分析和总结，或许就能够针对界面设计得到一些比较可行的解决方案，帮助我们进行视觉设计。

### 2. 产品界面的视觉设计的组成

产品视觉界面的组成包括布局、文字、配色、图片、图标、线条、细节及规范性，这些元素在构成用户界面视觉效果的同时，彼此之间存在着此消彼长的"守恒关系"。当其中的某个元素消失时，为了能更好地维持界面的美观性，需要设计师对于剩余的视觉组成元素的塑造更加深入才可以。

若一套界面设计的视觉组成元素全部都消失，只剩下文字，那么在这个时候就需要设计师能够具备极高的文字排版以及界面板块划分的能力。这也就是为什么会有"越简单的设计效果反而越难做"的说法。

下面分别从以上所提到的视觉元素所组成的各个部分进行分析和解读，来帮助设计师在进行视觉设计的过程当中能够针对不同的视觉构成元素，得出不同的对应方法，从而来优化视觉设计的视觉效果。

首先从常用到的移动端布局方式进行分析，因为布局方式更多会在交互流程的低保真图绘制中进行使用，而交互设计的低保真图又是连接视觉设计非常重要的衔接，所以界面布局方式是否丰富、细致是决定后期用户界面视觉设计非常重要的组成部分。

对于移动应用产品的定位、交互设计以及后期的视觉设计来讲，布局方式的地位显得尤其重要。产品的前期设计流程由用户定位、市场分析、竞品分析、功能托补及低保真等流程组成，也就是我们所提到的交互设计流程。只有在交互流程完善的基础之上，才能够顺利进行视觉设计相关的工作。布局方式就像是人的骨骼一样，支撑起整个页面的信息展示区域以及页面信息传递的脉络，如图 3-59 所示。

图 3-59　移动产品低保真原型

框架和布局好比是骨骼，视觉效果更像是我们的皮肤和穿着（见图 3-60）。所以，低保真的布局框架起着链接交互设计和视觉设计的重要作用，是每一位视觉设计师都必须要重点掌握的内容。

图 3-60　低保真和视觉效果展示

　　关于移动界面的布局方式主要包括大平移式布局、列表式布局、宫格式布局、侧滑式布局及标签式布局等方式。

　　对于布局方式来讲，它可以运用于各种产品和平台当中，但是嫁接在这些布局方式基础之上的视觉界面则会随着我们产品的用户人群的需求与特点，行业的特征以及产品的视觉形象而千变万化，所以布局方式对于界面的视觉表现来说起到的作用是非常大的，甚至是决定当前产品视觉表现是否合理的重要前提。

### 3.2.5　移动界面设计的用色规范与技巧

　　关于色彩的说法，好的视觉设计总是让人眼前一亮的，特别是渐变色彩的运用，更能吸引用户认真品味你的 App。渐变是设计师最简单的方式，也是移动端 App 背景设计以及网页常用的设计技巧。2017 年，随着视觉界面要求的提高，我们对于界面配色的要求就更为丰富。下面介绍两种比较流行的方式：双向渐变和纯色的使用。

**1．双向渐变**

　　不同以往，双色渐变的流行在各个平台都有展示，如图 3-61 和图 3-62 所示。

图 3-61　渐变展示案例 1

图 3-62　渐变展示案例 2

　　针对渐变色，我们来看一下界面的不同应用。在 App 和 Web 界面中，渐变占有的比例也可以调整。一般背景色和按钮都是不错的选择方式，如图 3-63 和图 3-64 所示。

图 3-63　渐变展示案例 3

## 2．纯色

　　相对于渐变色，纯色会更干净、更简洁，也是现在扁平化界面常用的一种方式。纯色能够突出主体图形，在选择时，要注意颜色的饱和度，如图 3-65

和图 3-66 所示。

图 3-64　渐变展示案例 4

图 3-65　纯色展示案例 1

图 3-66　纯色展示案例 2

　　纯色常用于网页中，或者 Banner 中做主题图形的内容时常使用纯色，以突出主题，如图 3-67～图 3-69 所示。

图 3-67　纯色展示案例 3

图 3-68　纯色展示案例 4

图 3-69　纯色展示案例 5

　　我们可以发现，虽然界面风格和产品的服务人群不同，但是基本上界面的背景色都是以无彩色系为主，因为其只具有"明度"这一种属性，所以在无彩色系的背景中，对于其他的色相和色彩的包容性会更强，如图 3-70 所示。

图 3-70　无色彩系案例展示

　　当我们在配色时，有时也会使用到类似这种色相一致、明度差异的配色方案，因为颜色的色相是确定的，只是明暗会发生变化，那么这种配色方案是除去无彩色系对于眼球刺激最小，也是较为稳定的配色方案，可以近距离使用。例如，当我们试图为界面的状态栏和导航栏进行配色时，就可以使用这种方案，如图 3-71 所示。

图 3-71　明度差异案例展示

　　我们可以发现，在分别为状态栏及导航栏进行配色时，色相几乎是没有发生任何变化的，而只是上下调整了其颜色的明暗进行区别。

　　色彩的饱和度不同，对于人们眼球刺激的程度也会有所不同，一般颜色的饱和度越低，对于眼球的刺激会低，所以现在低饱和度的颜色和风格会受到更多人们的喜爱，会给人一种内心的平静。

　　图 3-72 所示的 App 界面就是利用相邻色进行设计的配色方案，会使得页面在丰富配色的同时，造成过大视觉上的刺激。所以，一般设计师在选择相邻色配色时，通常会以一种色相为中心，向着其两端延展 2～3 个相邻色相进行配合使用。

图 3-72　相邻色案例展示 1

在使用相邻色时，一般会通过色块拼贴或者相邻色渐变的两种方式进行视觉表现。

例如，在界面设计中，主色通常会用于结构和装饰之中，有效地统一了产品的传播性。

## 3.3　产品视觉设计的后续工作

### 3.3.1　界面设计中的动效原理及 keynote

#### 1．Keynote 的概念

2003 年 1 月，苹果公司推出了一款幻灯片演示工具 Keynote，不同的是它只能运行于 Mac OS 操作系统下。Keynote 的使用方式简洁，借助 Mac OS 内置的 Quartz 等图形技术，支持几乎所有格式的图片和字体，操作界面图形化，制作的幻灯片美观大方，同时 Keynote 具有不同的仿三维转场效果。随着苹果公司系列产品的发展，Keynote 也推出了 iOS 版本，可以在手机端编辑及查阅幻灯片，并且通过 iCloud 在 iPod Touch、iPad、Mac、iPhone 以及 PC 不同设备之间共享，还可以通过 iCloud 在 iPad、Mac、iPhone 等不同设备上多用户对一个幻灯片实时协助。

**2. Keynote 的用途**

很多人对于幻灯片的了解仅限于"演讲时的图画展示"，并不知道它的诸多应用方面。实际上，Keynote 以它快捷的操作、流畅的动画可以应用于很广泛的领域之中，在演示文稿、动画创意、交互原型各方面都有涉及。

（1）演示文稿

Keynote 可以让你使用 Mac、iPad、iPhone 轻松创建制作带有动态过渡效果的演示文稿。向众多听众演讲时，将 Mac 与投影或高清电视相连，演讲者在 iPhone 上只用手指轻触和轻点利用全屏模式直接进行演示。幻灯片设计完成后，无论你使用任何一种苹果设备，都可以将幻灯片上传 iCloud，这样在其他苹果设备上都能保证这一文档的更新。

除了 PowerPoint 的功能外，Keynote 增加了许多新功能，如组缩放、图形调整、三位图标、多栏文本框、任意文本域的自由变换点、自由外形蒙版工具、快速访问形状、媒体、表格、图表和共享选项。

（2）动画创意

除了演讲的用途外，Keynote 的特殊动画效果具有全新的影院品质过渡，如神奇移动，百叶窗、颜色平面数、五彩纸屑、掉落、透视效果、绕轴心点旋转、飞驰、对象旋转、立方体旋转、卡片切换、溶解等多种效果，支持所有 QuickTime 视频格式（包括 MPEG 和 DV），新增了跟踪动画和构件动画，包括百叶窗、飞入、飞离、轨道运动、绕轴心点旋转、比例 （大）、飞驰、水滴、网络、漂移、放大及滑落。

（3）交互原型

通常静态的交互设计图不能很好地说明用户行为在系统上的交互操作，而动态可交互的交互原型可以让团队成员更好地理解与认同。正是良好的动态效果使 Keynote 成为优秀的原型展示工具。对交互设计师来说，如果有好的 idea，则可以先通过 Keynote 做交互设计，然后与程序员沟通可行性和难度，也可以通过它去和投资人沟通。

Keynote 可导出 MOV 格式，与工程师沟通时更加直观地展示出产品交互方式中的细节，如操作方式是侧滑还是弹出、弹出时间是 1s 还是 2s，解决了难以用语言或文字阐述的细节，更快地、更准确地传达和交付产品。

**3．Keynote 的操作技能**

（1）界面介绍

1）创建一个新的演示文稿，单击应用程序中的 Keynote 图标，可以打开选择模板的界面。这里提供了 33 种主题，用户可从中选取主题来创建新的演示文稿，如图 3-73 所示。

图 3-73　Keynote 创建文稿

2）新建好的 Keynote 演示文档界面分为以下 5 个部分：菜单栏、工具栏、导航器、工作区、编辑区。菜单栏可进行软件的设置和选项；工具栏可选取各种不同的工具进行内容编辑，如加入文字、图表、形状等；导航器可以看到所有演示文稿的缩略图，用以添加或删除页面，也可调整页面顺序；工作区内为文档编辑区域，白色代表可见区域，灰色为不可见区域 Keynote 演示文档界面如图 3-74 所示。

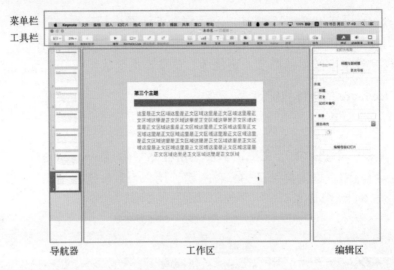

图 3-74　Keynote 演示文档界面

（2）编辑功能

1）可以向任意幻灯片添加文本、图像、形状或影片。可以重新放置画布上任意对象（包括占位符）的位置并重新设置其样式。单击文本工具添加文本，操作区可设置文本的字体、字号、颜色、对齐方式、间距等。单击形状工具添加形状，编辑区可设置形状的颜色、描边、阴影、不透明度等。单击媒体工具添加照片、视频、音乐，为了访问媒体素材，必须首先用 iTunes 进行同步，使照片、音乐或视频进入设备。单击图表工具添加图表，图表分为二维、三维、交互式。根据演讲者需要选择相应的图表样式即可，编辑区可设置文字样式，单击图表数据按钮可对图表的数值进行更改。交互式图表可以设置数据变化，演示时可看到动态数据变化。单击表格工具添加表格，拖动表格边界圆形按钮可增添或删除表格数量，编辑区可设置文字样式，如图 3-75 和图 3-76 所示。

2）即时 Alpha 工具能够快速有效地清除图片的背景，或者以预先画好的形状，如圆形或星形将其遮罩。使用对齐和间距参考线，可以很容易地找到幻灯片的中心，以确认对象是否对齐。添加到幻灯片中的任何对象，包括图像、文本框或形状都能够精确地摆放在理想的位置上。如果需要添加流程图或关系图，你一定会喜欢新增的连接线功能。连接线始终被锁定在对象上，对象移动时，其间的连接线也会随对象一起移动。

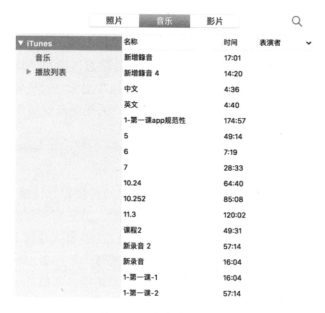

图 3-75 添加音乐界面

图 3-76 编辑表格操作

3）Keynote 的动画效果分为两种，第一种为构件动画，选中某构件后可在工具栏选择动画效果进行设置，每个构件均可设置构件出现、动作、构件消失 3 种状态的动画，每种状态内有超过 20 种动画效果。每种效果又可设置动画时间、动画方向和播放方式。多个构件都有动画效果时可设置动画顺序和动画出现方式。可以为幻灯片中的文本和对象添加动画效果，让所要表达的观点更加鲜明。例如，将幻灯片中的文字进行渐变、融合并转换成下一张幻灯片的文字；让幻灯片中的内容分文本行、表格行或者图表的区域逐一显示，或者一次性从左边进入观众视线或旋转舞入。第二种为过渡动画，选中导航器中的幻灯片时单击动画效果。可以设置跳转下一张幻灯片的过渡效果。新版 Keynote 中常用的是神奇移动，在重复的对象（如公司标识）上添加神奇移动，该对象便能在连续的几张幻灯片中自动变换位置、大小、透明度及旋转角度，如图 3-77所示。

（3）演示方式

Keynote 强大的演示功能会让演讲者的演讲节奏更自然流畅，通过 WiFi 可以将 iPhone、iPad 或 iPod Touch 变成无线遥控器。演讲者可以使用分屏功能，在演讲设备上看到当前幻灯片、下一张幻灯片、演讲者注释和演讲时间，而听众只能看到当前幻灯片。无论你在台上的任何角落，手指轻点移动设备即可控制播放，轻扫可切换幻灯片，同时具有激光笔的功能，帮助你无论多大的屏幕都可以指出重点。如果不亲自上台，也可以利用 Keynote 内置的旁白工具录制背景解说，如图 3-78 所示。

图 3-77　过渡动画设置界面

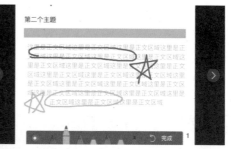

图 3-78　Keynote 演示功能展示

（4）兼容共享

Keynote 提供了多种方式让你分享你的演示文稿。你可以打开 Microsoft PowerPoint 文件，也可将创建的 Keynote 文件保存为 PowerPoint 格式，还可以将演示文稿输出成 QuickTime 影片、PDF、HTML 或图片格式。

（5）iCloud 同步

通过云服务，可以在使用的任何设备上创建、编辑和访问你的 Keynote 演示文稿。用户可以在一部设备上创建演示文稿，然后在另一部设备上完成编辑工作。与运行 iCloud 的另一台 Mac 共享文件。通过 iCloud 在 PC 和 iOS 设备之间轻松转移演示文稿。

（6）自动保存

不必担心演示文稿会丢失更改的内容，因为 Keynote 会在工作时自动保存文档。下次打开演示文稿时，可以直接从中断的位置继续开始。无论你在何时进行了更改，撤销功能都能让你重新查看这些改动。

（7）实时协作（见图 3-79）

实时协作功能非常适合多人对同一个文档的工作，并且可以标注出哪一位成员在哪一个位置做出了何种编辑。在 Keynote 编辑模式下单击协作菜单就可以进行协作分享，也可以设置添加成员的权限，可以添加成员编辑或仅可查看。

### 3.3.2　产品视觉规范性说明文档的编写方法

设计师要清楚项目在设计和开发过程当中的每一个流程及细节，以便于设计可以在整个项目的开发过程中起到承上启下的作用。设计师需要去平衡产品研发、交互流程及产品开发这几个方面之间的关系。所以和工程师在项目上的对接是设计师需要掌握的必备的工作技能和经验常识。下面重点介绍一下产品视觉效果设计完之后的第一个工作流程，也就是标注的技法。

图 3-79　实时协作

标注是设计师与工程师进行项目对接方式中的重中之重，工程师是否能够完整地还原设计效果以及交互动效，很大一部分取决于标注是否细致，更多的时候设计师在标注的过程中也会通过和工程师沟通后完成标注，以便于更好地提升产品开发的效率。

设计师不需要每一张效果图都进行标注，我们所提交的标注页面能确保工程师开发每个页面的时候都能顺利进行就可以了。所以，要进行控件库的提炼。对于控件库来说，其实就是根据视觉元素的功能和分类进行展示。例如，设计师会将产品中所有导航栏的图标、所有 Tab 选项栏的图标、所有提示框以及所有按钮的控件分类放在一起进行展示，就如同把视觉设计产品拆分成了一个又一个零件分类放置的效果。控件库的总结可以很好地提高标注以及切图的工作效率，也可以有效地保证产品在后期功能延展时对于页面再设计的视觉一致性。

国内一些互联网公司会要求设计完成产品的视觉效果之后进行产品的"规范性说明文档"的编写，以便于更好地展示视觉界面中关于控件的尺寸与属性、间距、标准色以及标准字的设计规范。规范性说明文档的作用主要包括项目视觉元素的归类、标注结果的展示以及后期功能延展时可以更好地保证视觉效果的一致性。

对于标注来说，我们需要去标注页面中的内容主要包括标准字、标准色以及控件的样式、间距及大小等内容。

**1．标准字的颜色、大小及样式**

图 3-80 所展示的就是视觉界面标准字在标注过程中的颜色、大小及样式的展示。通常在标注的过程中，有些企业会要求设计师在标注时界面的单位需要使用逻辑像素来进行标注。

适用于 Iphone尺寸750*1334（字体：苹方 常规 平滑　英文字体：SF）

| | |
|---|---|
| Headline<br>大标题 | 18pt<br>17pt |
| Title<br>标题 | 16pt |

图 3-80　视觉界面标准字

在标注颜色时，也需要按照颜色的六进制展示来完成标注，如#000000 这样的格式，以方便工程师可以快速识别并调取视觉信息。

**2．产品视觉效果标准色的使用**

产品的主题色、辅助色、对比色以及背景颜色等均是需要标注的内容。

在标注产品标准颜色时，需要按照产品使用颜色的比重多少来进行顺序的排布。

标注标准色时除了标准色使用的比重和分类之外，还需要使用六进制显示来标注其用色，以及当前颜色主要使用的位置及场合。

**3．控件尺寸范围及控件间距的标注**

通常在标注过程中需要将控件的标注按照功能分类，标注有代表性的控件即可，以便于提高工作效率。同时也要标注控件之间的尺寸（包括实际尺寸和切图范围）以及控件之间的间距，如图 3-81 所示。

从图 3-81 中可以看到，在标注的过程中需要明确给出控件大小、间距的数值，并且在设计视觉效果使用像素（px）单位时，需要保证控件的大小为偶数，以便于我们后期和逻辑像素进行转化，包括长宽、圆角的大小，并且圆角大小对于不同的平台，其具体数值要求也是不一样的，如图 3-82 所示。

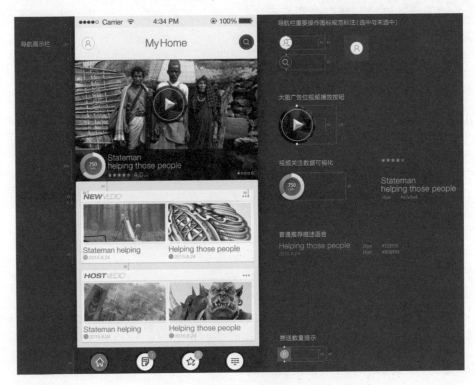

图 3-81　控件尺寸范围以及控件间距的标注 1

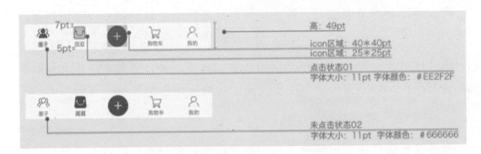

图 3-82　控件尺寸范围以及控件间距的标注 2

### 4. 公共控件的尺寸与标注

一般产品视觉的公共控件包括顶部的导航栏、状态栏、底部的选项卡以及二级页面的 Tab，各个搜索系统的设计都属于公共控件的范畴，所以其视觉效果也应该在圆角、大小等方面都需要保持一致，如图 3-83 所示。

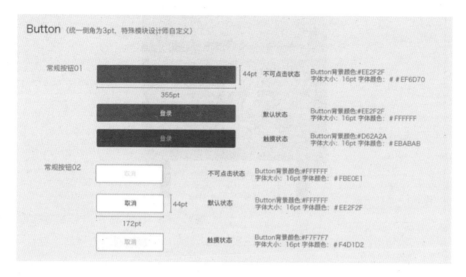

图 3-83　公共控件的尺寸与标注

　　按钮图标的样式、大小和单击状态都是我们需要去研究的，需要考虑图标在不同的系统中的最小单击范围，如 iOS 规定其最小的手指触碰区域为 44×44pt，而在安卓中的最小的手指触碰区域是 48×48dp，也就是我们在以 750×1334px 的设计环境进行设计时，需要将最小的的手指单击区域定为 88×88px 来进行展示，如图 3-84 所示。

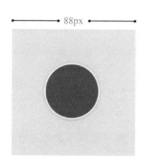

图 3-84　最小手指点击区域

　　按钮在 PC 网页端当中可以分为以下几种情况：单击前、单击时、不可单击和鼠标悬停状态。在移动端中，不存在悬停状态的这种视觉效果，只有单击前、单击后、不可单击这 3 种状态。所以，在进行标注过程中，需要把这种状态分别进行标注和展示，以方便工程师在开发过程中使用和快速了解其按钮在不同情况之下的交互方式。银行卡筛选页面如图 3-85 所示。

图 3-85　银行卡筛选页面

如图 3-86 所示，视觉设计师在进行界面图标和按钮的设计过程当中，需要按图标和按钮所面对的不同情况去完成相对应的视觉样式和文字信息传递内容。图 3-87 展示的就是弹框在标注中需要注意的地方。

图 3-86　银行卡余额不足展示

在针对弹框进行标注时，需要标注出来关于弹框的宽度和高度以及圆角的大小，还有弹框内部包含的控件、文字，控件和背景颜色的使用、六进制色值的展示也是必须要标注清楚的。

**5．Tab Bar**

在标注 Tab Bar 这个位置时，设计师可以单独标注图标大小和文字大小。在标注时，可以将标注效果图分为横向间距、纵向间距和控件尺寸 3 类来进行标注，这样的标注结果会更加清晰，更利于工程师进行快速地查看。

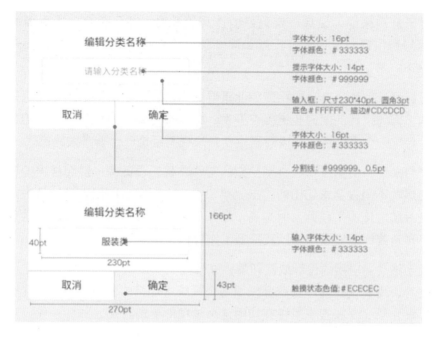

图 3-87　弹框页面标注

### 6. 标注的方式与方法

对于标注来说，其方法有很多，可以利用标注神器来完成标注。设计师在使用 Photoshop 进行标注的过程中往往会比较耽误时间，也会显得很麻烦，所以建议各位设计师最好借助于标注软件来进行标注。

## 3.3.3　如何高效地完成视觉界面的切图工作

切图的主要的目的是为了帮助工程师在开发过程中从视觉效果的源文件中处理和整合一些在开发过程中无法或者很难用代码去实现的视觉效果。工程师通常会考虑使用图片素材来加以替代。

互联网发展初期，PC 端网页的切图大多就是由视觉设计师来完成的，后来随着互联网公司产品的设计与开发流程逐步细化与完善，很多互联网公司 PC 端的切图工序逐渐由工程师来完成，后来随着移动端产品设计的崛起，切图这道工序大多数还是由视觉设计师来完成的。对于大多数视觉设计师来说，切图的过程会显得非常乏味和无聊，所以提高工作效率以及寻找快速有效的切图方式还是非常重要的一件事情。

对于产品来说，设计一定是好的产品的开始，并且也会对于后面的开发进行主导和引导。设计和开发就如同一条河流一样，设计在上游，而开发在下游。

既然设计在整个产品中扮演如此重要的角色，那么其承担的责任也是无比巨大的，因为设计的同时也需要在开发、信息传递、用户体验、界面美观等多方面去寻求一个平衡点，所以对于设计师来说无疑是一个非常大的挑战。

严格来说，切图没什么特别固定的工作流程，设计师一般会根据工程师的开发习惯的不同去要求切图的输出效果和方法也不同，所以当设计师进行切图之前最好和对接的工程师及时沟通，该如何去切才能配合他的开发，避免由于沟通不当造成的工作量增加以及降低工作效率等情况的发生。

关于移动端应用的设计以及开发，在国内更多以 iOS 和 Android 这两款系统占主导，需要设计师和工程师按照每个系统所规范的要求来进行设计以及开发。下面介绍 iOS 和安卓系统在切图这个过程中要求。

### 1. iOS 系统

（1）偶数的要求

对于在 iOS 系统下的环境进行设计产品元素的尺寸和切图来说，所有的控件以及图片元素的宽度和高度都应该是偶数来进行实现，一方面方便开发后产品显示的效果，另一方面也方便产品的视觉设计稿从实际像素向逻辑像素进行转化。由于 iOS 系统的抗锯齿机制的限制，如果切图输出以及产品视觉元素的尺寸不是偶数，则会导致开发之后的切图输出物在预览和使用时会变得模糊。

建议各位设计师在切图时，如果是按照控件的实际大小进行切图最好在其四周留下 2 像素的透明边缘区域，以防止工程师在做开发以及变成动效时切图元素的边缘产生锯齿。

（2）提供的切图数量

根据现有苹果手机的屏幕等级和尺寸来说，可以分为以下两种：一种是以 iPhone 4 系列、iPhone 5 系列和 iPhone 6 系列、iPhone 7 为主的 2 倍屏幕等级。其尺寸以 640×960px～750×1334px 的设计环境为主。另一类是 iPhone 手机中各种 plus 版本为主的 3 倍屏幕等级，也就是物理分辨率尺寸为 1080×1920px、屏幕实际尺寸为 5.5in 的手机。

所以，如果设计师现在主要是针对 750×1334px 为主的设计环境来进行视觉高保真图设计，则在切完图片之后本身所使用的就应该是 2 倍图。所以在切图输出时设计师需要在切图名称后加入@2x。

在此基础之上，根据屏幕倍率的要求，只需要在此 2 倍图的基础之上扩大 1.5 倍，就可以得到适配在各种 iPhone plus 版本当中的切图，并且在切图名称后加入@3x。

所以，视觉设计师在给工程师提交切图输出物时需要提交两套切图：一套是 2 倍图，另一套是在放大 1.5 倍之后所得到的 3 倍图。

对于现有的 iPhone 手机来说，由于屏幕的倍率主要以 2 倍和 3 倍屏幕等级为主，所以设计师在处理切图的类型时主要根据其屏幕等级来完成就可以了。

根据产品可用性原则中的"信息完备性原则"，设计师需要针对控件不同的操作情况来设计其不同的交互样式。所以，根据按钮和控件不同的使用和交互情况，如单击前、单击时、不可单击等状态，也要分别对其进行设计、切图和输出，如图 3-88 所示。

（3）切片与平铺

如果设计师在设计背景图或者产品控件时使用到重复元素的图案或者是纯色，那么设计师只需要提供给工程师一小块切图即可。所以要求背景图如果加入背景纹理，最好是具有规律性的一些纹理，如点阵、网格、横线等纹理，如图 3-89 所示。

图 3-88　控件在不同状态下的交互样式

最好不要使用斜线、不规则纹理及颜色渐变，这种视觉元素会增加工程师在开发过程中的工作成本，并且使用这种方法也会降低产品的打开速度。

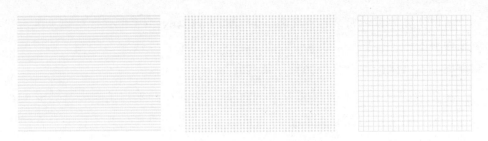

图 3-89　建议使用的纹理

### 2．Android

在安卓系统中，其切图方法大致和 iOS 所要求的是一样的。下面介绍一种安卓特有的图片处理方式，主要是针对带有圆角这样的一种特殊图形，进行图片处理的"点 9"文件。

（1）"点 9"文件如图 3-90 所示。

在 Android 的系统中，切图输出以及元素设计时不用遵循偶数的原则，不过在对待带有圆角的特殊图形以及元素平铺时一般会应用一个特殊切图输出文件——"点 9"文件。由于在该文件处理过程中将其划分 9 份并且使用纯黑色 1 像素为单位的黑点进行标注，其文件的扩展名为"9.png"，所以被称为"点 9"文件。

图 3-90　"点 9"文件切图

"点 9"文件能够适配于安卓平台多种分辨率及屏幕等级的手机,其最大特点是将该图片的拉伸以及需要保护的区域与显示区域统统用黑点展现在一个文件中,适配时可以将文件的横向和纵向按照黑点的标注随意进行拉伸,从而保留像素的精细度、细节以及圆角的大小和质量,实现多分辨率下的完美显示效果,同时减少不必要的图片资源。

处理点 9 文件的方法有很多,有个专门用来处理点 9 文件的工具"Draw9patch",但是有些设计师也会直接在 Photoshop 里面用铅笔标注 1 像素黑线或点再进行展现,并且在输出.png 文件后,在命名的前里面加入".9"即可进行使用。除了以上两种方法之外,设计师也可以使用各种切图软件或者插件来进行处理,如"Cutterman"这样的切图插件基本上都会支持"点 9"文件的处理。

（2）关于切片的输出格式

在切图输出时主要是以 PNG 24、PNG 8、JPG 这几种格式为主。如果 JPG 和 PNG 两种格式图片大小相差不是很大的情况下,推荐使用 PNG 格式的文件;如果图片质量或者大小相差很大,则使用 JPG 格式,可以保证开发后的视觉效果不失真。

对于引导页、图标、按钮以及各种功能控件,建议使用 PNG 格式,在 PNG 格式中最好是用 PNG24 位模式,因为其所包含和展示的颜色会更加丰富,文件质量会更好。

（3）网页式的切图

对于很多由网页设计师转行进入到 UI 设计的设计师来说,使用网页的切图方式来完成切图是这些设计师比较习惯的方式。通常 Photoshop 的裁剪工具中的"切片工具"是设计师常用的切图工具,并且在完成切图处理之后,通过"存储为 Web 所用格式"来对于切图文件加以保存和输出。以网页端页面的底边栏为例,如果设计师需要切出导航中的几个按钮元素,使用切片工具是可以自动吸附参考线或者图形元素的。因此切图之前,先用参考线把按钮按照所需要的大小分割出来,然后用切图工具开始裁切,看到切片工具拉出的线框后,双击这个框会有弹出框,可以在里面修改这个切图的名称。在 Web 端进行切图时,其切图的留白就不必像移动那么苛刻了,因为在 PC 端进行单击交互时通常使用鼠标来进行单击,所以要比手指点击精确很多。对于 Web 网页元素的切图,通常对于元素进行贴边切图的方式是比较常见的。设计师可以用此方法进行 Web 网页元素切图，然后将其储存为 Web 所用格式，在存储界面中可以看到设计师的切片和当前所选中的切片，按住〈shift〉键可以选择多个切片，然后选择.png 格式进行同时输出即可。这时要注意按钮下面是透明的，没有其他元素。此方法的好处是可以批量输出想要的切图文件，并且当替换时可以很容易地在原位置进行修改，之后再进行重新存储。

对于 Web 端的切图来说，也要注意对于控件的交互样式分别进行处理。由于 PC 端使用鼠标来完成交互，因此，对于网页的按钮和可交互的视觉元素来说，通常可以分为鼠标单击前、鼠标单击时、鼠标悬停时和当前元素不可单击这 4 种状态，要比移动端的视觉元素多一种交互样式。对于设计师来说，需要针对一个视觉元素同时处理 4 种不同的交互样式来满足不同的情况。

# 第4章
# 网站产品的表现方法及视觉设计

## 4.1 如何优化网站产品

一个优秀的网页设计，对于提升企业的互联网品牌形象至关重要。在网页设计过程中，需要对颜色、字体、图片、样式进行设计或优化，在一定功能范围内，尽可能给用户提供完美的视觉体验及交互体验。当然，高级界面设计更需要良好的用户体验，让用户体会到品牌的用心，如图4-1所示。

国内互联网行业一般有两类公司，一类是围绕一款成型产品再设计/升级的公司，如"BAT"；另一类是互联网外包公司，这一类公司也拥有专业的技术服务团队，负责网络部分业务，并以实现最高性价比为最终目的。在互联网行业，每个公司都有各自的运营方式和团队模式，我们需要根据不同产品、不同团队进行不同的分工，以达到项目最优化。

电子商务成熟于 2009 年。电子商务的发展产生了我们现在熟知的电商平台：阿里巴巴、淘宝、天猫、京东等。电商平台品牌如图4-2所示。

图 4-1　高级界面设计

图 4-2　电商平台品牌

## 4.2　如何在网站产品中减少用户等待时的焦虑感

在大多数互联网公司，产品都是由团队完成的。接手一个项目，首先会进行前期调研和需求分析。一个好的产品是因为用户需求才诞生的，而客户的需求往往是多元的、不确定的，需要我们加以引导和分析。客户的需求是指通过买卖双方长期沟通，对客户购买产品的欲望、用途、功能、款式等深入挖掘，把客户心里模糊的认知以具象的方式展现出来的过程。

### 4.2.1  研究客户需要

1）首先要圈定明确的客户群，针对目标用户开展调研。例如，在互联网产品开发前期，需要了解各个供应商的供货方法、客户和供应商的交易方式、客户选择交易的供货商的品牌、性价比、材料、等级等内容。而这些供货需求是市场受众用户需要的，所以我们需要从供货商那里了解哪些商品热卖，如图 4-3 所示。

图 4-3  产品低保真图展示

2）学会用客户的语言来描绘产品，了解客户的价值观，这样有助于后期在设计开发过程更好地满足客户的需求。

3）理解客户需求背后的深层次心理需求，如公司文化或者品牌营销等内涵，如图 4-4 所示。

图 4-4　品牌内涵概述

　　4）在策划一个产品时，我们要充当产品经理，以客户的角度看待产品，只有了解大众需求，才可以更好地去设计产品，让客户更好地体验产品。

### 4.2.2　设计客户所想：视觉界面设计

　　从单词的基本含义上解释，UI（User Interface）由用户和界面两个部分组成，但实际上它还包括这两者之间的交互关系。具体的内容为可用性分析、用户测试、GUI（Graphic User Interface，图形用户界面）设计等。

　　好的 UI 设计除了让作品变得独特有趣之外，更重要的是让软件的交互方式变得更人性化、简单易学，并且充分体现软件的定位和产品特点。

　　UI 不仅仅是学习绘画知识，更需要的是我们对软件的使用环境、用户、使用方式进行定位，从而为软件用户服务。UI 设计师将艺术和互联网新技术融合在一起，让所有的界面和功能随之迭代，蜕变成新品。设计一般分为三大类：软件工具、研究人与界面的关系、研究人（也就是用户）。所以 UI 设计师的职能包括以下 3 个方面：

　　1）图形设计，有人称为"美工"。不过，这里美工不是单纯意义上从事美术工作的人，而是软件产品外观效果设计。

　　2）交互设计，主要是设计软件的操作流程、结构布局、操作规范等。一个软件产品在接手需求时，首先需要做产品原型和交互设计，需要确立交互模型以及交互规范，这样才可以进行视觉设计，以免返工，如图 4-5 所示。

图 4-5　产品原型展示

3）用户测试和研究，这里的"测试"即检验交互设计的合理性以及图形设计的美观性，主要是通过目标用户问卷的形式衡量 UI 设计的合理性。假如没有这方面的研究和测试，设计出来产品的好与坏只能凭借设计师的经验或领导的审美和观点来评判，这样的设计会给企业带来极大的风险。

当产品经理给了我们用户的需求，或者我们作为 UI 设计师充当产品经理角色了解产品后，我们需要进行的就是视觉界面设计。在设计前，需要用草图的方式或者低保真原型图的方式与客户沟通，这样的方式周期短、效率高，能够及时沟通调整，避免出现返工。UI 设计师主要负责产品界面的美术设计、创意设计和制作过程；根据多种竞品的用户群，提出构思新颖、吸引力强的创意设计；对页面进行优化，使用户操作更加便捷，更趋于人性化的设计；维护现有的上线产品以及收集和分析用户对于图形用户界面的需求，不断进行优化。

### 4.2.3　前端设计和开发

Web 前端开发技术是从网页制作技术演变来的。当初网页制作主要是静态网页，是以浏览为主要目的进行设计的。2005 年以后，各类 Web 应用大量兴起，网站的前端也发生了巨大的变化。网页从此不再只承载文字和图片，更多的是加入了视频，音频等内容，让网页内容更加丰富。网页制作上也慢慢加入了更多用户体验的元素，考虑到越来越多的需求，让网页的表现形式更加出色，而这些都是基于前端技术实现的。

在互联网时代，我们需要掌握更多的知识，无论是在开发难度还是实现方式上，现在的网页制作都更接近传统的网站后台开发，所以现在我们称之为 Web 前端开发。一个好的前端工程师能够还原网页设计的原貌，所以 Web 前端开发技术在产品开发环节中的作用变得越来越重要，这方面的专业人才也更加稀缺。Web 前端开发涵盖的知识面非常广，需要有具体技术的支持，是为了将网站的界面更好地呈现给用户。

前端技术需要处理的内容：有时需要充当前端美工，更好地将网页表现出来，还需要解决浏览器兼容性的问题。当然还需要掌握 CSS、HTML 的"传统"技术，以及通过前端的技术实现较强的艺术交互效果，这些都是为了更好地表现一个网页的功能。凡是通过浏览器到用户端的统称为前端技术。相反存储于服务器端的统称为后端技术。初级前端工程师首先要知道的是如何处理各种浏览器的兼容处理。

## 4.2.4　前端切图-布局-开发

网页设计师和前端工程师大多数情况都不是同一个人，一般情况下网页设计师出低保真或者高保真效果图，由前端工程师去实现。前端分为两种，一种是重构，工作内容主要是切图，也就将设计师效果图用代码的方式实现出来；另一种是写脚本，主要负责页面逻辑或交互特效等。切图主要集中在企业建站上，使用的工具是 Photoshop Cutterman，Sketch 等软件。

前端布局，即通过代码方式来实现前端界面。前端工程师的职责如下：

1）通过代码的语言方式在设计师和工程师之间创建可视的界面。

2）将代码实现的界面，通过内容、品牌和功能形成组件。

3）为 Web 应用程序提供框架、需求、可视化的语言和规格设定底线。

4）定义 Web 应用程序的设备、浏览器、屏幕、动画的范围，并开发一个规范来确保品牌忠诚度、代码质量、产品标准。

5）为 Web 应用程序设定适当的行距、字体、标题、图标、填充等。

6）为 Web 应用程序设定多种分辨率的图像，同时确定后期的维护指南信息，确保后台连接安全，方便后期迭代。

7）开发客户端代码来显示流畅的动画、过渡、延迟加载、交互、应用工作流程。大多数时间我们要考虑整个网页布局的可操作性和浏览器兼容的标准性问题。

　　一般而言，前端开发工程师需要使用 JavaScript 或者 ActionScript 来编写和封装具有良好性能的前端交互组件，熟练使用 CSS+XHTML 完美输出视觉界面。对 Web 项目的前端实现方案我们需要在日常工作之中对新人及相关开发人员进行培训和指导。另外，还要跟踪研究前端技术，设计并实施全网前端优化。最近由于脚本和后台语言的兴起，对资深前端提出了新的岗位要求——前端不一定只做前端，也需要熟悉后端。后台界面展示如图 4-6 所示。

图 4-6　后台界面展示

## 4.2.5　后台开发

　　后台主要是业务逻辑的处理和与数据库、服务器等的交互。

　　网站前台和后台通常是针对动态网站而言的，网站后台设计是基于数据库开发的网站。涉及数据库开发的网站分为前台和后台。网站前台就是用户可以直接看到的内容，如产品信息、公司新闻、关于我们、企业联系方式、提交留言等操作，这些能看到的前台页面是通过后台权限管理公开的内容。后台界面是管理员通过密码登录后看到的网页，一般是用来发布最新新闻、公司产品、留言等信息。前台和后台都需要程序员来进行制作和管理。通常情况下，带开发功能的网站（也可以叫动态网站）必须支持程序语言和数据开发功能。

MySQL 是一种开放源代码的关系型数据库管理系统。MySQL 数据库系统使用结构化查询语言（SQL）进行数据库管理。Oracle Database（又名 Oracle RDBMS，简称 Oracle）是甲骨文公司的一款关系数据库管理系统。目前 Oracle 数据库系统可移植性好、使用快捷、功能较强，适用于各类开发环境。此类数据库具有高效率、可靠性好的特点，是一种比较优良的解决方案。

### 4.2.6　录入数据/后台上传

如果用的是成熟的 CMS（内容管理系统），则比较容易，安装好 CMS 和数据库，设置数据库名、用户名和密码，网页上直接操作录入数据即可。如果自己制作网页程序，则需在源代码里写好数据的提交模块，包括从网页获取数据、连接数据库、验证数据库连接信息、提交、存储等很多方面。

### 4.2.7　申请域名/空间审核/上线推广

1）注册域名。可以从一些知名注册服务机构：如新网、万网、易名中国等注册。

2）制作内容。根据自己制作网站的目的来设计页面布局及内容。

3）申请空间。对于个人网站和小型网站而言，一般都采用主机托管方式，也就是向一些服务商购买放置的网页的空间；如果是比较大型的网站，一般都需要购买服务器，去电信部门托管。

4）上传内容。使用 FTP 软件，连接到对应的地址，将网站内容分批次传上去。

5）网站维护。也就是说后期对网页的更新和管理，维护网页的正常使用。

6）上线推广。通过不同平台的宣传，达到推广的目的。

### 4.2.8　网站维护/运营

1）服务器以及相关软硬件的维护。

2）数据库的维护，有效利用网站数据库的内容。

3）内容的更新以及数据的上传。

4）制定相关网站的规范文件，将网站维护制度化和规范化。

5）做好网站内容安全的管理，及时检查所有功能。

# 4.3　网站设计中隐藏的情怀

## 4.3.1　关于企业网站建设的思考

### 1．企业网站

（1）网站的发展史

1）黎明前的"黑暗"（1989 年）。在互联网真正开始时，网页设计只是字符和空格的排列和组合。虽然图形化的界面在 20 世纪 80 年代初就有了，但在当时普及率并不高。直到 20 世纪 90 年代，由于计算机的普及，网页才有了载体，图形化界面才真正进入千家万户。

2）网页的兴起（1995 年）。相对于网页之前的表现方式，表格产生了一种秩序化的界面效果，如垂直对齐，以像素为单位或者以百分比来控制对齐。当时，表格可以称为设计神器，它的出现可以进行可视化的交流，有效地整理数据内容，人们可以进行准确和清晰的数据分析。

3）来自 JavaScript 的救援（1995 年）。JavaScript 的出现解决了很多 HTML 的弊端，如 JavaScript 可以写弹出窗，也可以动态修改某些对象的顺序，这些用 HTML 实现不了。JavaScript 是一种直译式脚本语言，也是动态类型、弱类型和基本原型的语言，如图 4-7 所示。

4）自由的黄金时代（1996 年）。Flash 带给网页开发者从未有过的自由，同时打破了网页设计之前所固有的限制，借助 Flash 软件，设计师可以在网页上随心所欲地展现想实现的任何效果，所有的这些内容会被打包成一个文件，然后发送到浏览器展示出来。也就是说，用户只要拥有最新的 Flash 插件和一些上传的时间，就可以展现一个理想的网页。

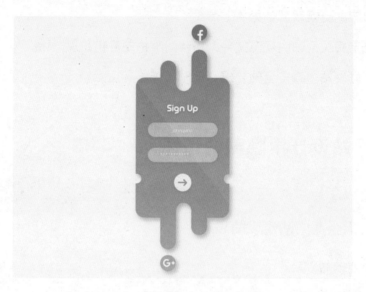

图 4-7　交互动效视觉设计示意图

美中不足的是这种设计并不开放，也不便于搜索，还需要消耗计算机大量的运算能力。2007 年，苹果发布第一台 iPhone 时，就决定放弃使用 Flash，也就是在这个时候，Flash 在网页设计领域开始走下坡路。

5）CSS 的诞生（1998 年）。CSS 的出现与 Flash 的崛起差不多处于同一时段，CSS 是更好的网页结构化设计工具。CSS 将网页内容的样式分离出来，同时定义了网页的外观和格式等属性，但内容依然保留在 HTML 中。采用 CSS 技术进行网页制作，可以精确地对页面的布局、字体、颜色、背景和其他效果进行控制，只要简单修改相应的代码，就可以对同一页面的不同部分进行改变。

6）移动端的崛起（2007 年）。当时，在手机上浏览网页面临多种挑战，设计师不仅要为不同设备设计不同的布局，同时面临着各种内容控制的问题：小屏幕和桌面端展示的内容是一样多还是需要剥离开来？手机上怎么呈现桌面端网页上闪亮精致的小广告？移动端设备网络加载速度慢，而且桌面端网页流量消耗大。移动端的特点如下：

① 美观华丽的界面设计。

② 流畅、易用且便捷的交互流程（手势、声音、动作、指纹、人脸、虹

膜……)。

③ 完美的用户体验。

④ 互联网媒介中利用互联网思维方式进行设计的过程。

7)响应式网页设计(2010 年)。在保证网页内容不变的前提下,内容的布局根据窗口和屏幕的变化而变化,这种设计就称为响应式网页设计。对于设计师而言,响应式设计需要设计师设计许多不同的布局。对于用户而言,响应式设计的网页可以在手机和别的电子产品上完美浏览。也就是说,一个网站可以在任何屏幕上展示出完美的画面。在 HTML 5 诞生之后,网页设计中最大的改变就是响应式设计的出现,PC 端网页产品会随着浏览器宽度的变化而进行网页内部元素的重组,而适应各种终端不同的屏幕变化,如图 4-8 和图 4-9 所示。

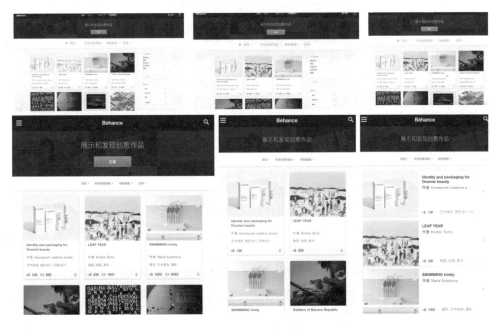

图 4-8　响应式设计示意图 1

8)扁平化的时代(2010 年)。在扁平化到来之前,网页设计注重美观的图片和漂亮的排版设计效果、精美的插画和版面的合理布局,而把这些视觉元素经过简化之后,就形成现在的“扁平化设计”。将之前复杂的效果淡化处理,让视觉呈现扁平,同时内容和信息的层级也呈现扁平状态。之前充满光影特效的按钮也逐渐被扁平化的图标所替代。扁平化设计是抛开了渐变、投影、羽化、斜面浮雕等拟物设计手法，仅利用色块图标进行表现的一种抽象化的视觉表现方式。它的优点是开发方便，传递信息快速直观，并且大色块使用户容易理解。它的缺点是离生活太远，缺少感情，略显冷漠。

图 4-9　响应式设计示意图 2

9）光明的未来（2014 年）。随着技术的发展和变化，网页设计也发展出更高的境界。在越来越多的网页设计平台上，设计师只需要在屏幕上调用不同的控件便可生成代码，而且生成的代码整洁灵活、可操作性很强。在未来，开发者不需要担心浏览器的兼容性问题，可以把精力放在解决实际遇到的问题上。网站平台建设直接影响网页设计的成败，与之前需要更多技术人才不同，网站策划的地位会越来越凸显。

（2）企业网站介绍

企业网站实际是一个平台，就像是一个企业的网络名片，是一个企业为了进行网络营销和形象宣传在互联网上搭建的一个平台。很多公司都拥有自己的企业网站，公司可以通过企业网站进行形象宣传、资讯发布、产品发布、招聘信息发布等。

**2．企业网站的内容**

（1）互联网公司的分类

互联网公司分为以下两类：第一类是百度、腾讯、阿里巴巴、京东等三大公司，这类公司是围绕一款成型的产品进行再设计和升级的公司；第二类是外包公司，是承接第三方客户要求的公司，通过对外承包互联网业务，来实施做网站、租空间、买域名等内容。

（2）互联网团队流程

1）了解需求。了解用户的需求，以及项目的功能和布局，在与客户将这些对接完成后进行高保真图的绘制，接着进行视觉设计效果的制作。

2）切图。切图是将原设计稿切成小块图片以便于制作成页面，也就是利用软件的切片工具，根据自己的需要切成小图，方便在接下来的前端开发中使用。

3）将切好的图交给前端工程师，由前端工程师进行前端开发，将完成的视觉设计效果转变成在网页上的静态或动态网页。

4）后台开发。通过上传资料或信息管理，搭建.NET 操作平台，进行数据库的开发。.NET 是微软开发的下一代操作平台，用户可以在这个平台上构建各种应用。

5）录入。进行数据的录入，在此基础上进行后台的上传。

6）申请域名。空间审核以及上线推广，营销是商家激发用户的购买欲望和行为，扩大产品销量的一种经营活动。

7）进行网站维护及网站后期的运营。

（3）网页设计流程

首先是整理导航，将所做界面中出现的分类信息整理到导航中，然后绘制草图，将要求出现的内容和应该出现的内容绘制在草图上，接下来根据客户要求进行内容的丰富，明确内容后进行设计布局完成低保真图的制作，根据客户要求及产品特点，决定主体色及辅助色的选择，最后进行细节修正，将产品做到符合客户的要求，如图 4-10 所示。

1）了解需求：在了解需求的阶段，需要对产品进行大致定位，清楚地了解产品的特点以及功能，了解使用此类产品用户的使用习惯，以及在使用过程中的需求，只有这样才能准确抓住消费者的痛点，激发了消费者对产品的购买欲望，最终达到企业的营销目的。

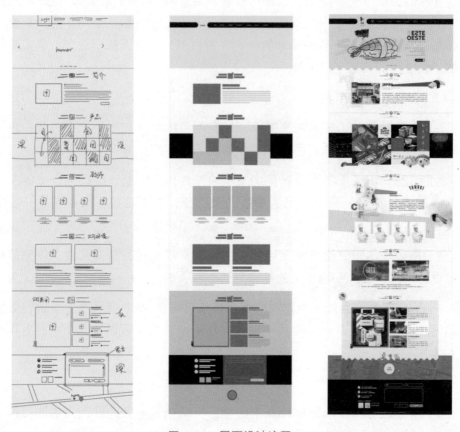

图 4-10　网页设计流程

　　2）布局方式：首先在了解需求的基础上绘制草图，将基础信息以草图的形式绘制出来，制作低保真原型图，在原型图中确保内容及要求通过，使原型图中的每一部分内容及每一个细节都有作用，在此前提下再进行下一步交互效果图的制作，将界面中每一块与用户有交互性的部分进行功能的添加。

　　3）内容设计：通过对产品的定位及认知，给它的风格进行定位，在风格确定的情况下，确定主体色，并且根据主体色进行配色的选择（包括辅助色、对比色及无色彩系颜色的选择），在此基础上绘制高保真设计稿，将功能及效果在页面中进行展现。

4）校对定稿：在高保真首页制作完成后，确定网页功能及流程，接下来确定页面的其他功能，进行子页面的设计。将首页中每个具体的功能更详尽地展示在子页面中，使用户能够接收到更多想了解的信息，在与客户确定好界面内容及功能后，要进行校对，使界面不存在任何遗留问题，这是一个设计师应有的素质和责任。在确保这些后，进行合同尾款支付，这就是一个项目完整的流程。

**3．企业网站内容的构成**

（1）网站框架布局

网站框架布局由以下 4 个部分组成：导航部分、Banner、展示内容和底部信息。导航部分有 Logo、品牌名称、导航信息内容，以及其他重要操作组成；Banner 通常为广告设计，以品牌、服务、理念、产品展示为主；展示内容包括产品、服务、品牌、新闻等相关内容的排版区；底部信息通常为版权信息，另外辅以少量重要操作选项。

1）导航设计。为了使用户更快地找到想要浏览的内容，我们将网页信息进行归类整合，此时就出现了网页导航。网页设计是没有固定标准的，菜单设置也是五花八门，同时网页打开的方式也不尽相同。有些网页是在同一窗口打开（页面刷新），还有一些网页是在浏览器中打开新的窗口（页面跳转），连接的目的端是网页中重要的页面。导航设计示意图如图 4-11 所示。

图 4-11　导航设计示意图

2）整个页面部分。对于整个网站的内容，应该从需求内容着手，可以将网站产品的特点和优势或客户最需要的内容放在首页展示。也就是说，导航中最重要的信息应该展示在首页中，起到宣传和引导的目的，使网页达到应有的目的。

3）文本。

网页中的主要信息一般都以文本形式为主。作为网页上最重要的信息载体和交流工具，文本可以将所展示产品的信息更详细、更全面地描述出来，所以设计师才会在设计文本部分时创造出各种各样的文本排版类型，如图 4-12 所示。

图 4-12　网页设计文本排版示意图

4）图像。

图像元素既可以在网页中提供信息，同时还能直观地展示形象。图像是用户在浏览一个网页时最直观的一部分内容。图像有时会配合文字使用，能起到更好的指示作用。现在网页中有以下两种图像形式，一种是应用最多的静态图像，在网页中以图片展示为主，可以将想表现的内容更好地展现给用户，通常为 JPEG、PNG 或矢量格式；另一种是应用较少的动态图像，通常的动画是 GIF 格式，可以将更为复杂的东西更完整地展现给用户。图像的存在是极有意义的，可以给用户带来更多的便利，如图 4-13 所示。

（2）基础知识及规范

1）文件建立规范如图 4-14 所示。

2）文字规范如图 4-15 所示。

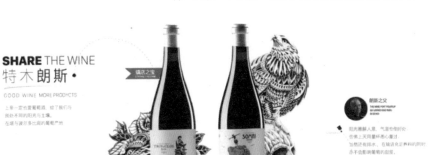

SHARE THE WINE
特木朗斯·
GOOD WINE MORE PRODYCTS
美酒·音乐·交友

图 4-13　设计图示意图

尺寸
1920×6000像素
1680×6000像素
内宽1200像素
颜色模式
RGB
分辨率
72

图 4-14　文件规范 1

字体使用规范
总体原则：提高文字的识别性和页面的易读性，切记不可随意加粗
默认中文字体为宋体，微软雅黑或华文细黑等
默认英文字体为 Helvetica、Arial、Verdana（无衬线）
Georgia、Times New Roman (衬线体)
正文文字
12/14px
小标题
16/18px
导航文字
16/18px
大标题
20/24px以上
12号字（正文，最小文本）
广告内容，辅助信息或者正文　样式为"无"

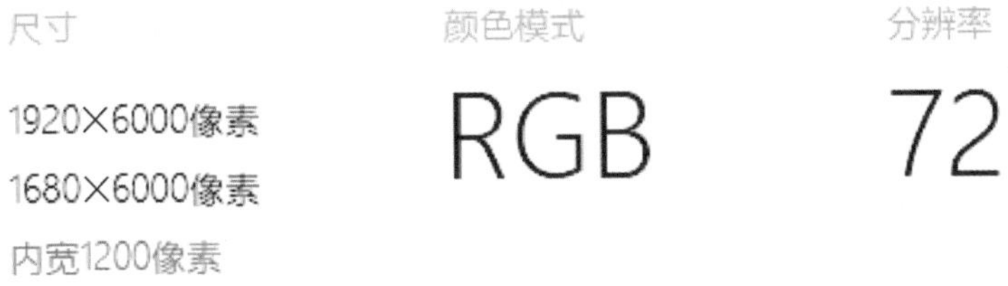

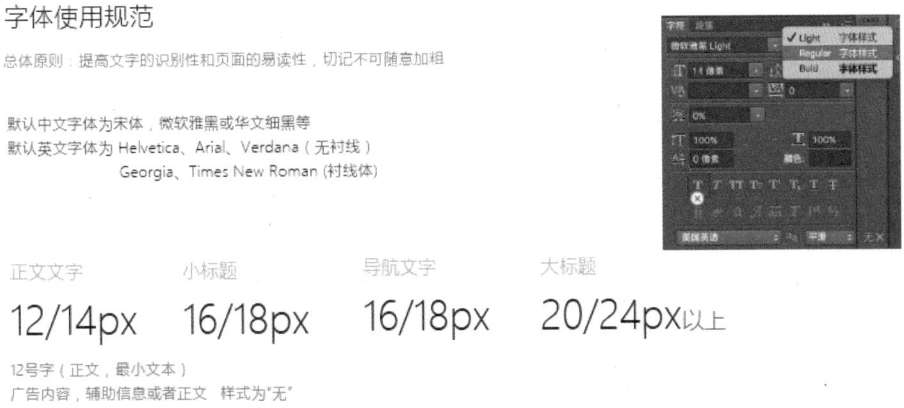

图 4-15　文字规范

3）图片使用规范。在制作网页使用图片时，有以下几个最基本的注意事项：选择图片时应该选择高清大图无水印的图片，并且在调整图片大小时要注意等比缩放，一般情况下不要使用马赛克效果，为了界面美观可以多使用退底图。在使用图片时有以下几种形式。

① 场景图片：特点是主体并不突出，主要是为了营造感觉和气氛，一般这种图片会作为背景图使用，要突出文字的排版和表现。在运用场景图片设计时，可以运用景深、遮罩以及纹理等手法进行设计，如图 4-16 所示。

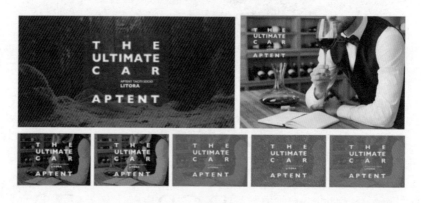

图 4-16　场景图片示意图

② 主题图片：特点是视觉元素突出。由于这种图片是有主题的，因此操作空间会更大，可以使图片和文字之间的配合更加丰富，如图 4-17 所示。

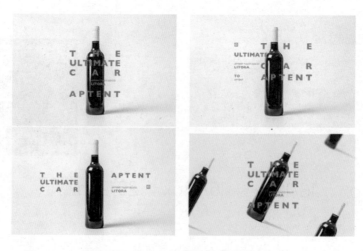

图 4-17　主题图片示意图

4）注重标题的塑造。在标题的塑造过程中，应该多利用在排版方面的知识与表现技巧，如字群关系、重复手法、对比手法、亲密度关系以及对齐关系等，具体的设计方法会在接下来的企业网站首页制作过程中重点介绍。标题设计示意图如图 4-18 所示。

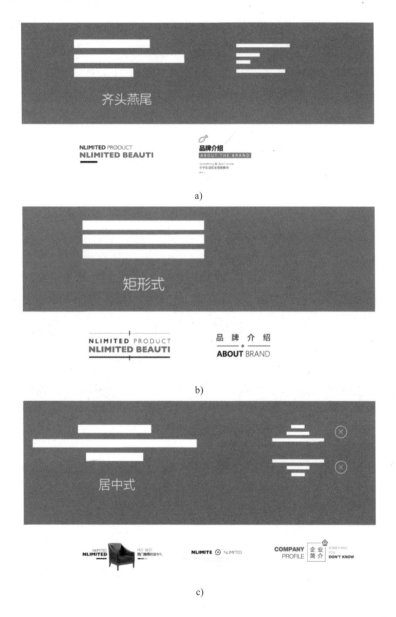

图 4-18  标题设计示意图

（3）首页设计

当打开一个企业网站时，首先看到的是网站的首页。首页代表的是一个企业网站的形象，有着象征性的意义，所以企业网站首页的重要性不言而喻。在制作首页时，要注意网站功能的梳理、网站的整体布局、网站制作草图、网站风格定位、网站的配色、Banner、细节设计等几个重要的决定性因素。下面介绍企业网站首页制作中的设计过程：

1）导航设计（信息整理/客户需求）。导航是指通过易于使用且明显的技术手段，为网页的访问者及特定用户提供一条明确的途径，使其可以方便地访问所需的内容。网页导航表现为网页的栏目菜单设置、辅助菜单、其他在线帮助等形式。一个好的导航可以使用户在操作时简单方便，节省用户的使用时间，提高用户的使用效率，只有这样才会增加用户留存度。下面介绍网页中的导航形式。

① 主导航。主导航是网页的中枢，网站整个信息和功能的划分与集中体现。主导航一般位于网页页眉顶部或 Banner 下部，可以第一时间引导用户指向他所需要的信息栏目。侧导航设计示意图如图 4-19 所示。

图 4-19　侧导航设计示意图

② 分页导航：经常出现在列表中，一次可展现的结果数目通常有限制，超出限制的结果将在新页面展现。最简单的分页导航就是带页码的分布导航，如图 4-20 所示。

图 4-20　分页导航示意图

③ 浏览路径面包屑：展示了用户访问网站的路线，由一大串的元素和结

点组成，每个结点都与指向先前访问过的页面或父级主题相连，结点间以符号分隔，通常是大于号（＞）、竖线（｜）或者斜线（／），如图 4-21 所示。

图 4-21　浏览路径面包屑示意图

④ 垂直菜单：通常置于网站二级页面的左边或者右边的一列链接。垂直菜单比横向的导航更灵活，易于向下扩展，且允许的标签长度较长，如图 4-22 所示。

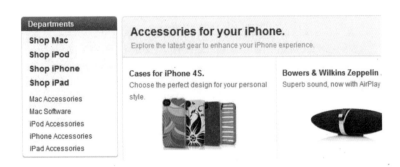

图 4-22　垂直菜单示意图

⑤ 树状导航：常用于二级页面中的三级内容展示，常结合风琴式布局进行展示，如图 4-23 所示。

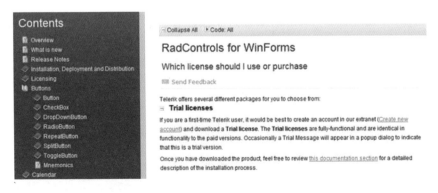

图 4-23　树状导航示意图

⑥ 站点地图（页面最底端）：为网站提供了附加信息的迅速总览，适用于有大量内容和广泛用户群体的网站，如图 4-24 所示。

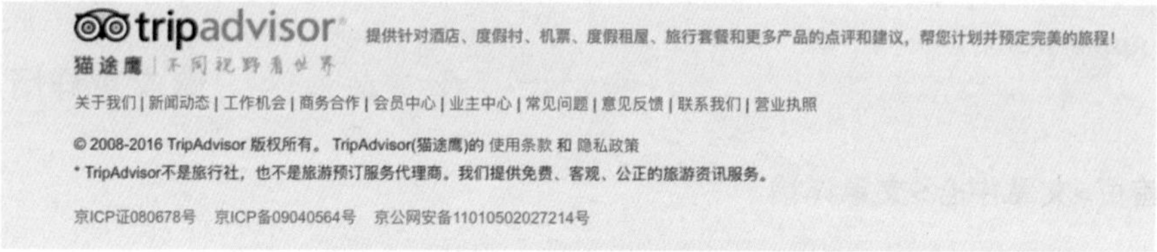

图 4-24　站点地图示意图

⑦ 标签云：所列链接按字母排序，按照标签热门程度确定字体的大小和颜色，如图 4-25 所示。

图 4-25　标签云示意图

⑧ 导航设计：导航栏在网页中是一组超链接，连接的是网页中重要的页面，如图 4-26 所示。

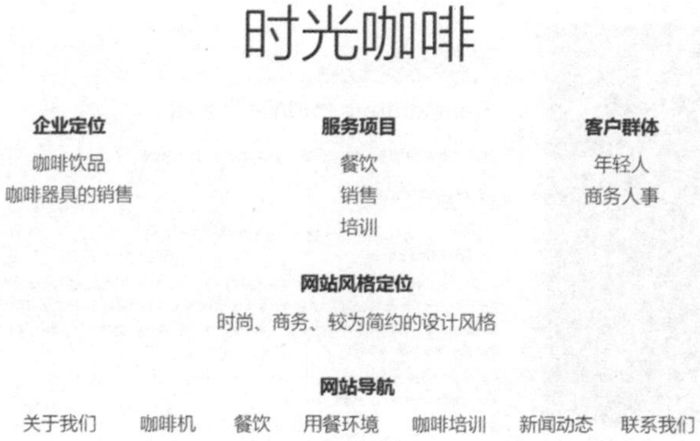

图 4-26　导航设计示意图

Banner 设计案例如图 4-27 所示。

图 4-27　Banner 设计案例

2）内容设计（重要信息展示）如图 4-28 所示。

图 4-28　内容信息示意图

3）页脚设计（相关信息展示）。页脚设计中包含站点地图、重要功能按钮（分享等）、版权信息、留言输入框、联系方式、Logo、地图等，如图 4-29 所示。

（4）二级页面设计

一个完整的网站是由首页+二级页面组成的，在首页中的导航可以引出二级页面的设计，根据不同的内容需求设计出不同作用的二级页面。下面介绍二级页面的形式。

a)

b)

c)

图 4-29　页脚设计示意图

1）单页功能（关于、说明、须知）：一般用来展示文字、图片、视频，有时会出现少量内容介绍。单页的特点是无页面跳转（不具备分页导航），以文字、图片、视频、按钮链接为主，网页的高度会随着内容的多少进行缩放。

2）文章系统（新闻、日志、资讯）：一般用来展示以新闻条目为主的内容，文章系统再细分为文章列表页（新闻目录、分页导航），文章详情页（视频、图片、文字、分享、评论、新闻跳转按钮）。

3）图文系统（产品，案例）：一般用来展示以产品案例图片、视频为主的内容，和文章系统一样，图文系统也可以再分为图片列表页（图片目录、分页导航），图片详情页（图片、文字、分享、评论以及视情况加入少量分页导航）。在图片系统中存在一个展示方式的问题，主要有页面跳转和局部刷新两种方式。

4）表单系统（留言、评论、登录注册）。表单系统较为简单，可分为表单填写页和表单查询页两部分。

5）招聘系统。招聘系统需要了解详细的内容，所以需要有招聘职位列表页、招聘职位详情页和个人信息的填写页。

6）二级页面的布局（见图4-30和图4-31）。

图4-30　二级页面的布局示意图1

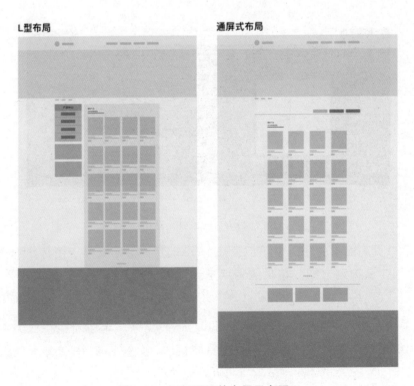

图4-31　二级页面的布局示意图2

7）其他页面。有些网站会有三级页面的部分，它是由二级页面点击进入的页面，是之前页面更具体的延展，而且有些页面会有四级页面，甚至有五级页面、六级页面，但是这么多的页面跳转会增加用户的使用难度，比较烦琐。

## 4.3.2　响应式思维在网站中的应用

### 1．企业网站响应式设计

响应式网页设计（Responsive Web Design）其实就是自适应式设计，网页可以自动根据屏幕宽度做出相应调整。随着移动端的普及，为了更好地适应用户的需求，适应不同屏幕的尺寸，更方便阅读和浏览，网页设计加入了响应式设计。

### 2．响应式网站的优点

（1）开发优势／维护优势。

原生态系统分为 iOS 和 Android 两种平台，对于这样的平台我们需要安装客户端，每次产品都需要迭代多次，并且 App 需要分平台设计。而响应式手机网站可以跨平台（HTML5+CSS3），也不需要考虑兼容性，用浏览器打开即可，使用比较方便，相对于 App 的迭代，网页的升级次数少，更方便。

（2）营销优势

在不同的终端设备上可以使用同一个网址，只需要对唯一站点进行运营推广，后台管理和数据分析都是用同一个平台，利于维护，大大减少了运营成本。

### 3．MUI 和 WUI 的区别（见图 4-32）

图 4-32　MUI 和 WUI 的区别示意图

（1）屏幕尺寸不同

智能手机和平板电脑的常见尺寸为 4～10in，计算机的常见尺寸为 13.14in 以上。

（2）使用环境不同

智能手机和平板电脑具备便携性，计算机一般在固定场所使用。

（3）操作媒介不同

智能手机和平板电脑以触摸操作为主，计算机使用的是外接设备进行操作，如键盘、鼠标等。

（4）操作精准度不同

智能手机以触摸屏和手指多点触控或者语音完成操作，点击精确程度较低；计算机使用的外接设备进行操作，精确度较高。

**4．响应式导航的设计**

下面以 3 种主流设备的屏幕尺寸（iPhone、iPad、PC）做案例，解析几种常见的导航设计，如图 4-33 所示。

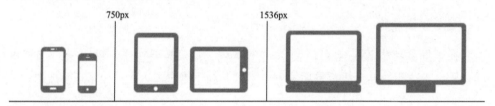

图 4-33　主流设备屏幕尺寸

（1）简单智能的导航菜单形式

此款菜单类型适用于所有屏幕的菜单设计，菜单扁平化，留有足够空间在各个不同的屏幕上做响应式的变化。在移动设备上，导航横向排列不变，Logo 和导航由原先的一行变为多行，页面简洁清晰且用户体验一致，如图 4-34 所示。

（2）导航菜单列表形式

导航菜单列表形式是最常用的一种排列设计，横向导航在小屏幕下变为纵向排列，一列、两列甚至是多行多列的形式，具体应根据实际情况而定。导航菜单列表形式展示如图 4-35 所示。

图 4-34　简单智能的导航菜单形式展示　　图 4-35　导航菜单列表形式展示

（3）导航隐藏形式

在手机设备上，导航可以用隐藏列表的
方式呈现，如图 4-36 所示。

（4）下拉菜单形式

上边介绍过的隐藏菜单的两个案例也使
用了下拉菜单的形式。使用下拉菜单来组织
内容架构是一种常用方式，复杂的网站甚至
会使用多层次的下拉菜单。

在默认情况下，导航菜单是不会显示
的，只有当触摸到右上角指定的小图标时，
导航内容层才会打开。触摸到其中一个栏目
时，第二个内容层才会被展开，这样就给用
户提供了一个非常清晰且有层次的导航。

图 4-36　导航隐藏形式展示

（5）侧滑

侧滑式导航在 Facebook 的大力推广下兴起，也被称为"抽屉"，这个名词
来源于它的交互动效。

1）侧滑的优点如下：

空间充裕：被隐藏的内容从侧面滑出，可以展现更多功能信息，节省空间。

2）侧滑的缺点如下：

① 小众：与其他简单的设计模式比起来，从侧面滑动展开导航栏的效果需要若干复杂的动画来实现，这种方式阻挡了一些低端设备。

② 适配性不好：该模式仅适合移动设备，在大屏幕上的表现并不好。

在国际标准化组织（ISO）网站中，移动设备预览时也采用了隐藏菜单的形式，但展开的交互形式菜单栏一般出现在网站的底部。这样做的目的就是让访客先看头部和中间内容，迫使访客先浏览网站的全部内容，如图 4-37 所示。

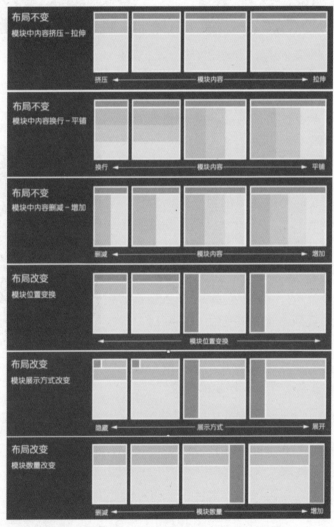

图 4-37　国际标准化组织（ISO）网站展示

**5．响应式制作的要求**

1）硬件操作习惯（从用户的使用习惯出发）。

2）硬件规范。

3）功能的主次层级关系。

**6．响应式规范**（见图 **4-38**）

字体：18～40px。

大字体：40px。

中字体：30px。

小字体：24px。

字体大小可以根据信息层级关系选择合适的字号。

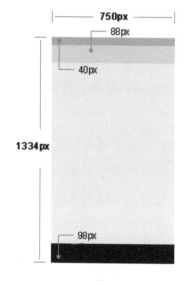

图 4-38　iOS 移动界面设计规范示意图

### 4.3.3　电子商务及电子商城的设计技巧

1990—1993 年是电子数据交换时代，电子商务成熟于 2009 年以后。成熟是指在全球各地广泛的商业贸易活动中，在互联网开放的网络环境下，基于浏览器和网站为应用方式进行的各种商贸活动，实现消费者的网上购物、网上交易和在线电子支付以及各种商务活动、交易活动及相关的综合服务活动的一种新型的商业运营模式。

**1．电子商务的构成**

电子商务的出现能够更好地为人民服务，如餐馆、酒店、商店、银行、公司、大学、公共场所……人们的消费随着生活质量的提升不断提高，所以更需要一些快捷服务。如果我们通过网购的方式购买商品，通过支付宝／银行卡／信用中介的方式代替了网银的传统模式。我们需要的商品将从仓储进行提取，然后通过物流的配送方式送到我们手中。这样节省了我们的时间，也增加了产品的多样性。所以，电子商务的构成包括卖方、产品、买方、银行&信用中介／仓储、物流 6 个方面。

**2．电子商务的特点**

足不出户即可购买自己心仪的商品，可以随时随地选择商品，并且价格通常会低于实体店面。电子商务给我们带来了很大的方便。将人工操作和电子信息处理合并成不可分割的一个整体，提高了工作效率和商城系统运营的严密性。

电商就如同一个巨大的产业运营链条，需要银行、配送中心、通信部门、技术服务、物流系统等多个部门通力合作完成。

加密机制、安全管理与验证码、防火墙等保障资金交易的安全性，并且通过第三方平台约束，保护买卖双方利益不受侵害。

**3．电子商务的三大模式**

1）B2B（Business to Business，企业与企业）。

2）B2C（Business to Customer，企业与用户）。

3）C2C（Customer to Customer，个人与用户）。

电子商务的三大模式及其对应电商平台如图 4-39 所示。

图 4-39　电子商务的三大模式及其对应的电商平台

4）O2O（Online To Offline，个人与用户）是指将线下的商务机会与互联网结合，让互联网成为线下交易的平台。

**4．电子商城的主要分类**

1）综合商城。

2）垂直商店。

**5．电子商务的主要功能构成**

电子商务的主要功能构成如图 4-40 所示。

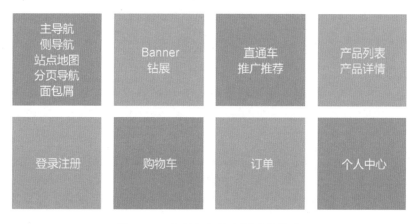

图 4-40　电子商务的主要功能构成

**6．电子商务的主要功能流程**

1）产品浏览：购买商品时，首先筛选自己喜欢的商品，浏览商品列表。

2）新用户注册：注册后会有新的功能提供给用户。

3）登录：在选择登录时，一般可以通过平台账号方式或者第三方平台登录。

4）挑选商品：想要选择商品，需要搜索我们需要的商品，进入商品列表页进行挑选。

5）放入购物车：选好商品后，可以添加到收藏夹或分享给朋友，或放入购物车。

6）确认信息，填写表单：加入购物车的商品可以再次确认商品，提交订单后，再次确认信息，填写收货地址等表单。

7）选择付款方式：提交个人信息后，选择付款的方式，如信用卡、银行卡、支付宝等。

8）生成订单：当支付完费用后，订单就生成了，之后可以根据订单号查看物流信息。

**7. 电子商城的首页设计技巧**

世界著名的网页易用性专家尼尔森曾经有报告显示首屏的关注度为80.3%，首屏以下的关注度仅有 19.7%，这两个数据足以表明首屏对每一个需要转化率的网站都很重要，尤其是电商网站，要求首屏尽量放置关键信息（钻展及导航购物车等）。

在电商网站中，转化率是很重要的，转化率 = 交易次数/访问数。也就是说，我们在做电商网页设计时要多考虑交易转化的部分。

（1）电子商城首页头部设计

在设计头部时，首先最顶端包含登录/注册，个人信息，个人中心的购物提示（收藏功能、购物车提示、订单、查看购物信息）等功能，如图 4-41 和图 4-42 所示。其次包括 Logo、整站搜索、热门搜索、总导航、购物车提示。电商网站普遍有两个导航：网站头部的总导航和侧边的分类导航。一般来说，总导航展示网站商品比较概念化，分类导航会详细很多。总导航的内容不宜过于繁杂。导航中显示的内容必须与网站内容是紧密相关的，这也体现了导航与内容的匹配度。

图 4-41　电子商城首页头部设计 1

图 4-42　电子商城首页头部设计 2

导航的内容很重要，一旦导航有了很大的变化，就会让用户在无形中产生一种陌生感和距离感，所以导航在网站改版时不宜轻易改变。

1）导航展示（局部导航）：常位于网站主导航下侧及 Banner 左侧位置。在设计导航时，设计师应该把浏览客户都看成是新用户或是没有耐心的用户。

2）侧导航展示（局部导航）：常位于网站主导航下侧及 Banner 左侧位置。Banner 在电商行业也叫钻展图，就是钻石一般的展位。

3）钻展及广告的制作方法：钻展及广告的制作需要给力的文案，在内容上信息要突出，目标群明确，电商中钻展图数量多，实时性强。钻展及广告的制作最终目的就是点击率和转化率，只有交易的增加才能带来电商平台的收益，那么钻展的运营也就起了作用。

（2）电子商城首页内容设计

电子商城首页内容设计包括内容主体区域、产品分类、主打产品展示、热门推荐、品牌分类、热卖排行、使用功能分类。

电子商城中的商品列表也称为商品聚合页，可以为消费者提供更加完善的商品种类选择。这类页面具有信息量大、图片多的特点，所以商品列表页设计的重点部分是布局是否清晰合理，以及如何尽可能的压缩内容。商品列表还要注意按照行业、使用目的、商品分类划分。

① 宫格式图文排版案例如图 4-43 和图 4-44 所示。

图 4-43    宫格式图文排版案例 1

图 4-44    宫格式图文排版案例 2

② 栅格化设计案例如图 4-45 和图 4-46 所示。

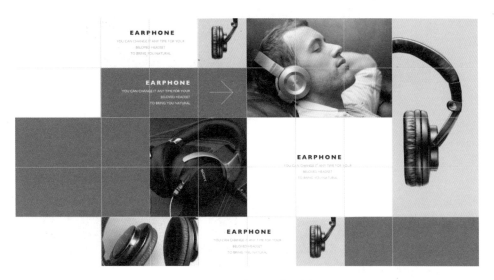

图 4-45　栅格化设计案例 1

图 4-46　栅格化设计案例 2

③ 自定义栅格化设计如图 4-47 和图 4-48 所示。

图 4-47　自定义栅格化设计案例 1

图 4-48　自定义栅格化设计案例 2

**（3）网页内容设计及底部设计**

网页内容设计及底部设计包括联系方式、站点地图、版权信息、附加导航（联系我们和关于我们）及服务专区，如图 4-49 所示。

图 4-49　网页内容设计及底部设计示意图

电商网站首页展示如图 4-50 所示。

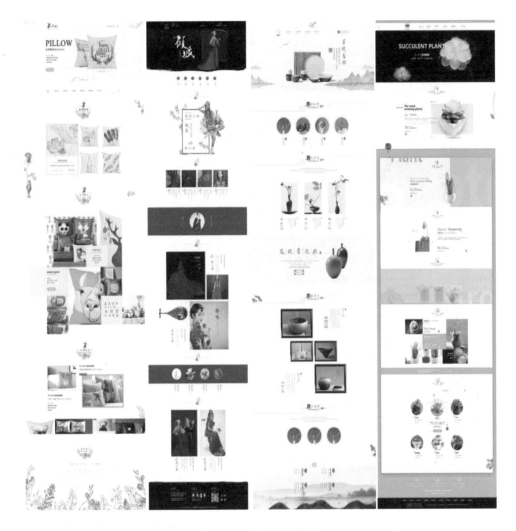

图 4-50　电商首页展示

## 8．电子商城二级页面设计

（1）电子商城二级页面的主要功能

国内电商网站的产品列表页的表现形式常见的有以下三种：行列排列、瀑布流以及特别款突出。如果商品的种类和数量多且繁杂，则使用规整的行列排列方式，便于用户找到商品；瀑布流的形式更多地使用在流行时尚领域的电商以及专题页中，其展示数量有限；特别款突出可以使用在一些节日活动的宣传促销中，展示信息数量少，但是内容突出，如图 4-51 所示。

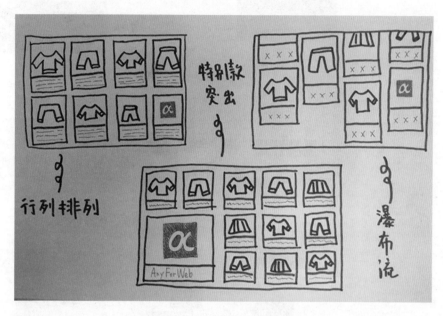

图 4-51　电商二级页面设计草图

1）展示基本信息。商品列表页相较于其他页面会显得有些拥挤，正在浏览商品列表页的用户也许对商品的细节描述并不是很在意。因此，简单扼要的图片、商品名称、价格说明和购买人数就已经能够满足用户在该页中的需求了。

2）鼠标悬停时产生交互效果。很多网站都会忽略鼠标悬停时应该产生的交互效果，虽然只是一个很小的效果，但它存在的意义却很大，甚至承载了网站与用户之间的互动和反馈。设计页面时应该把鼠标滑动的效果一并显示出来，如图 4-52 所示。

3）出现适量的附加信息。刚才提到了商品列表页应该尽量做到简洁，但在此基础上适当增加一些相关推荐，会对用户挑选商品有极大的帮助。例如，相关产品或者同类产品的不同角度展示，或者评论和快速购买加入购物车等效果，目的在于尽量减少用户的操作流程。

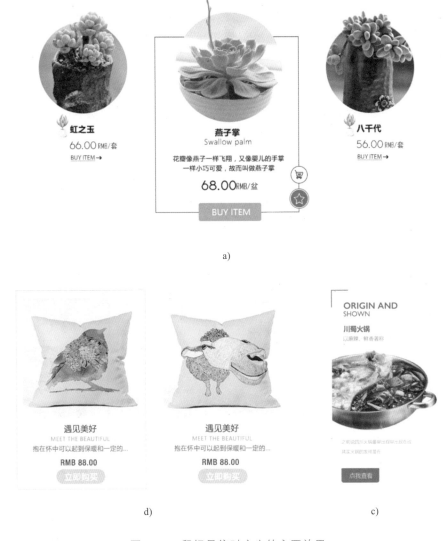

a)

d)　　　　　　　　　　　　　　　　　c)

图 4-52　鼠标悬停时产生的交互效果

4）始终带给用户指引。如果用户在商品列表页面停留较长时间，就意味着即将找到自己需要的商品，很多时候用户在浏览网页的过程中经常会改变之前的目标商品，因此网站应该始终为用户提供指引，带给他们明确的方向感。

5）设置相关推荐，促成更多消费。用一种商品推动另一种商品的销售，这是电子商务网站中的惯用营销手法，网站应该试着用柔和的方式传达相同的意思。

6）用特色商品激发购物欲。利用商品功能或者新闻等刺激消费者的共鸣，从而产生激发用户的购物欲望。

7）减少操作步骤。在商品列表页中，用户更希望直截了当地选择商品，所以在商品列表页上直接显示"加入购物车"，能够便于用户操作。

8）从众效应。从众心理是网上购物人群的普遍状态，如浏览量、交易量、评论量都是用户了解商品的原因。因此，买过该商品的顾客对此做出的评价对于用户来说很有说服力。商家可以利用这一点在首页列表的设计上做出一些改变。

电商列表页作品如图 4-53 所示。

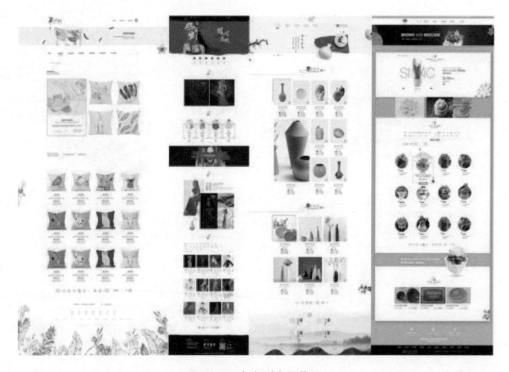

图 4-53　电商列表页作品

（2）电商内容设计

1）详情页设计如图 4-53 所示。

① 商品详情构成元素。

② 商品信息。

③ 图片（多角度）放大镜、名称、价位、参数、基本信息、筛选项。

④ 加入购物车和立即购买。

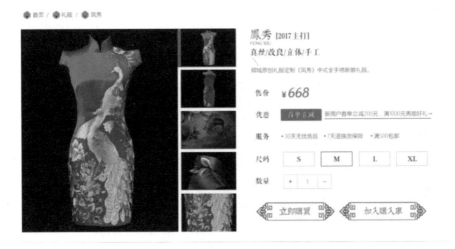

图 4-54　详情页设计

⑤ 商品显示瀑布流（图片和文字叙述为主）如图 4-55 所示。

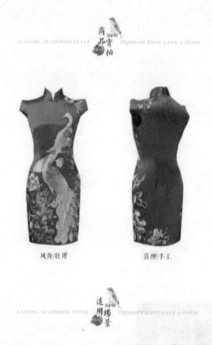

图 4-55　商品显示瀑布流

⑥ 相关推荐（直通车或者相同商品推荐）如图 4-56 所示。

⑦ 浏览记录、评论区域以及附加信息如图 4-57 所示。

图 4-56　相关推介

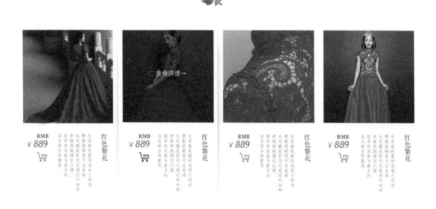

图 4-57　浏览记录、评论区域以及附加信息

电商详情页作品如图 4-58 所示。

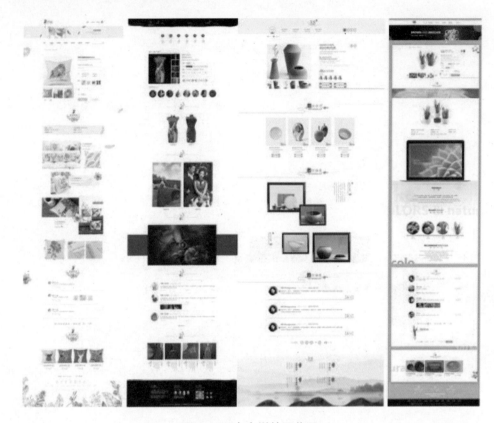

图 4-58　电商详情页作品

2）登录／注册。

个人中心体现注册、登录、购物车、订单信息、收藏信息等。

① 简洁留白。用户不喜欢思考和寻找，他们更希望明确地选择自己喜欢的商品。在电商登录页的设计中，留白是一种挽回用户好心情的好方法，避免了小广告的烦扰，用户体验较好。登录/注册在用户心里就是一个很麻烦的过程，而大量的留白能让用户感觉内心放松，缩短登录/注册时间，提升用户体验。

② 减少登录页中的广告信息。电商网站的主要目的是对产品运营方式的推广，提高销售自己产品的数量以及曝光率，于是有的网站不放过任何一个可以推销自己产品的角落，这样的做法会让用户很厌烦，尤其在登录页上出现此类推销信息。

③ 标题的精彩性。在平时读报过程当中，标题的吸引力远远超过内容。有统计显示，阅读标题的人是阅读正文的人的 5 倍。

④ 语言简化精准。登录页面上的文案应该直接一点，让用户一看就懂，不能产生歧义。

⑤ 有趣美观的辅助页面设计。视觉上美观的事物总能给人更好的第一印象，精心设计的网页给人一种耳目一新的视觉体验。

⑥ 撰写充满号召力的文案。文案需要很强的号召力，仅凭几个字就能准确抓住用户的心。这里说的号召力不一定非要用短句来实现，其最终目的是让用户感受到产品的活力和朝气。

⑦ 尽量减少表单区域。对于首次登录的新用户来说，他们对网站的信任感不强，担心个人资料被泄露，此时让他们填写大量与个人信息是不合适的，也不利于在之后使用过程中建立彼此之间的信任。

⑧ 使用电子邮件登录。目前，有以下两种主要的登录类型，一种是通过在网站本身注册登录，另一种是使用第三方社交网络账号。

⑨ 加上"忘记密码？"链接。"忘记密码"不需要放在显眼的地方，一般紧靠着用户登录表单，以备不时之需，其实是为了提升用户体验，减少用户错误操作。

⑩ "忘记密码？"功能流程。

a. 邮箱找回：填写注册邮箱→修改信息发至邮箱→登录邮箱并单击修改链接→输入新密码及确认密码→重新获取新密码。

b. 手机找回：选择手机找回→填写手机号码并发出验证码→手机接到验证码后进行输入→输入验证码→进入修改页面→输入新密码及确认密码→重新获取新密码。

首先，在填写表格时，我们需要了解的是为什么要填写表单，我们能获得什么，让每位用户看到填写信息带给自身的好处。除了告诉用户填完整个表单可以得到什么好处外，还可显示辅助信息提示填写表格的原因和目的。填写项多的表单时，合理组织信息更为重要，如果不对信息进行组织，很容易混乱，会增加用户填写负担。合理有层次的组织信息,可以用框线、空间间隔、颜色的不同，按照不同信息的类别、属性进行区块划分，用步骤条指示当前的进程，如图 4-59 所示。

通知为蓝色，警告为黄色，错误为红色，成功确认为绿色，如图 4-60 所示。

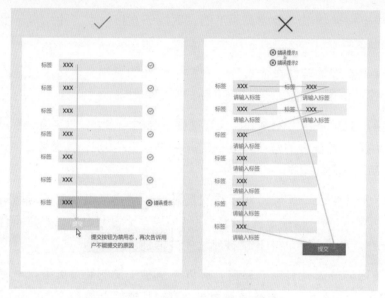

图 4-59    有效的说服用户进行填写

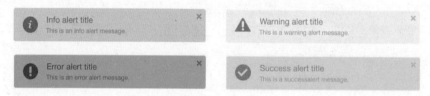

图 4-60    颜色的含义

通过以上的内容介绍，我们总结一下密码的状态页面的设计要点，忘记密码－找回密码－密码登录如图 4-61 所示。

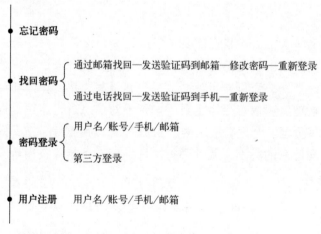

图 4-61    忘记密码－找回密码－密码登录

电商网站登录注册如图 4-62 所示。

a)

b)

c)

图 4-62　电商网站登录注册示意图

（3）个人中心

个人中心用于管理会员信息，包括交易信息、服务信息及账号管理等，保障用户的安全性及隐私，包括业务升级等，同时也便于电商对于个人进行管理。

（4）购物车

购物车用于记录和汇总用户的商品信息，或者删除已挑选的商品。

购物交易流程如下。

1）直接购买：单击"直接购买" – 填写信息表单（个人信息、地址、联系方式、支付方式、配送时间、快递方式……） – 审核检查订单信息 – 提交订单 – 结局 1：如果是货到付款即完成／结局 2：在线付款 – 如果是在线支付还需进入到支付中心操作 – 订单完成。

2）进入购物车进行购买：单击"加入购物车" – 去购物车筛选结算 – 填写信息表单（个人信息、地址、联系方式、支付方式、配送时间、快递方式……） – 审核检查订单信息 – 提交订单 – 结局 1：如果是货到付款即完成／结局 2：在线付款 – 如果是在线支付还需进入到支付中心操作 – 订单完成，如图 4-63 所示。

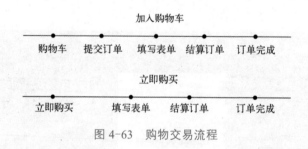

图 4-63　购物交易流程

（5）电商网页 – 专题页设计。

专题页即为某一活动策划、某一主题而进行设计的页面。它承载各种形式的节庆促销、宣传推广、营销产品发布等活动的页面，表现方式较多。典型的静态活动页面通常使用页头 Banner+标题再配以活动入口的展示形式，主要以背景、Banner 和标题字体的视觉处理来烘托整体氛围。

1）品牌运营展示／企业文化（对产品的某一性能、优势或政策方面进行详细剖析诠释）。

① 优点：视觉冲击力强、气氛浓烈、色彩鲜亮、采用一些活泼的主题元素吸引大众客户、促进购买欲望、增加交易额、扩大转换率。

② 缺点：元素繁多，容易视觉疲惫；不适合长周期运营，时效性短。

2）活动运营（生命周期短，主要是为了拉动转化率而策划的即时性活动）。

① 优点：元素更为国际化，清晰有条理，适合长周期的性能宣传，能带动品牌影响力；较适合当下主流的响应式网页构架。

② 缺点：运营氛围相对弱一些（因重点在品牌宣传而不在营销）。

制作专题页的步骤如下：①拿到需求时，先尝试画面布局及风格，可以通过草图的方式，充分考虑排版信息内容的布局。②在草图过程当中加入创意表现方式（如图形元素），实现整体形式的美感，合理布局信息，以方便用户阅读。③构图方式多种多样，可以是用轮廓或剪影进行构图，根据不同的主题内容进行多次尝试。④在选择颜色时根据主题确定颜色风格，可以是纯色、色彩拼接、互补色，可以调整不透明度以增加层次感。制作专题页的步骤如图 4-64 所示。

图 4-64　制作专题页的步骤

a）首屏图要有主题。

b）专题页需要承上启下，场景要全面。

c）背景颜色要整体，从整体看，注意细节以及留白。

电商专题页案例如图 4-65 所示。

图 4-65　电商专题页案例

### 4.3.4　网页设计的配色技巧

**1．关于色彩的说法**

配色一直都是设计产品中非常重要的一个组成部分。对于配色，其实是有规律可循的，通常一个界面当中都会明确禁用一个颜色，并且本着"色不过三"的配色原则实施。

所以设计师在进行配色时，需要各种不种类型的色系进行相互配合来共同作用。按照最常见的配色比例，无色彩系通常占据 70%的配色比重；有色彩系颜色占据 30%。将有色彩系进行进一步区分，产品的主色调占据 70%，并且与辅色相辅相成，辅助色烘托主色丰富画面。所以，主色调的辅色就只占据有色彩系的 30%。对于这 30%的辅助色，又可以将其分为相邻色或者同类色占据 20%，主要是为了保持相邻色饱和度的统一性，剩下的就是对比色占据 10%，其作为点睛色使用。一般对于对比色来说，其存在范围较小，并且会远离主色调而存在，依靠无色彩系进行调节画面，保持页面配色的平衡感的同时也可以更好地丰富画面。

总的来说，颜色分为"无色彩系"和"有色彩系"。

（1）无色彩系

对于无色彩系来说，更多的是指白色与黑以及从黑色到白色所经历的各种灰色。无色彩系在色彩的 3 种属性（明度、饱和度、色相）中只包含"明度"这一种属性，所以从这个层次来讲，无色彩系不属于颜色的范畴，如图 4-66 所示。

图 4-66　无色彩系层次

由于无色彩系不具备"色相"及"饱和度"，所以无色彩系不会在这两个层面和其他颜色发生冲突。也就是说，无色彩系是永恒的安全色，无色彩系和任何一种色彩配合在一起都会显得很和谐。所以，它是名副其实的公共色。

当进行页面设计时，设计师通常会选择无色彩系作为页面设计的背景色来进行使用，并且在整个页面中，无色彩系的页面配色占有率来说也是很高的，在整个配色方案中接近 70%左右，如图 4-67 所示。

图 4-67　无色彩系的页面配色示意图

我们可以发现，虽然界面风格和产品的服务人群不同，但是界面的背景色基本上都是以无色彩系为主，因为其只具有"明度"这一种属性，所以在无色彩系的背景中，对于其他的色相和色彩的包容性会更强。

对于背景色来说，最好不要直接使用纯黑色或者纯白色，因为一般在设计师进行配色方案的选取过程中，都会遵守一条不成文的规定，也就是"唯脏色与纯色不可用"的配色原则，直接使用黑色或者白色会使得界面非常刺眼，所以在选择界面背景色时，通常会使用浅灰色或者深灰色来完成背景色的配色方案，如图 4-68 所示。

图 4-68　界面背景色的选色技巧案例

　　在选择浅灰色时，可以很好地降低纯白色带给用户因高明度产生的不适感，并且也是为了给后期进行列表式设计做一个铺垫。因为列表设计就是为了通过背景色的明暗来使得页面信息层级更加的明显，使得信息传递更具备层级感，所以如果背景色使用纯白色，那么就无法给予卡片更亮的颜色进行凸显，效果也不是很好。所以，设计师在选取背景颜色时要尽量选择接近白色的浅灰色作为界面的背景色。

　　注意，在选取浅灰色作为背景色时，要控制 Photoshop 中拾色器的选择，如图 4-69 所示。

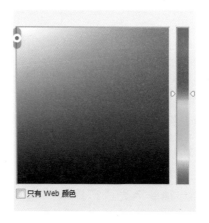

图 4-69　选取浅灰色作为背景色范围示意图

浅色背景的选色区间最好控制在图 4-69 中所标注的区间中，如果选色的区间太靠下，则以浅灰色为主的背景色就开始变得比较脏了。所以，要慎重选色，因为背景色所占据的面积是很大的。

另外，对于深灰色，在确定明度之后，可以让深灰色略微向蓝色背景进行靠拢，这样可以让深灰色的背景变得比较高级，而不是单纯的死灰色，如图 4-70 所示。

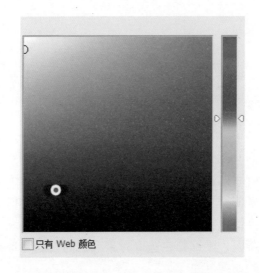

图 4-70　选取深灰色作为背景色范围示意图

所以，在确定背景色时，对于初入设计行业的设计师来说，要尽量选择无色彩系的色彩来确定背景色。另外，在选择背景色时，要尽可能地避开脏色与纯黑/纯白色。

（2）有色彩系

除去无色彩系，剩下的具备明度、色相和饱和度这 3 种颜色属性的颜色都属于有色彩系的范畴。由于其属性中包含了色相与饱和度，因此在进行颜色搭配时就更加考究了，这也是配色中需要重点解决的一个难点。

其实，颜色是大自然的馈赠，是由"白光"进行色散之后形成的"单色光"，人的肉眼可识别出七种不同的单色光，也就是我们平时所熟悉的"彩虹"的效果。后来将这 7 种单色光进行提取的连接就成为设计师非常熟悉的 12 色环的配色工具，如图 4-71 所示。

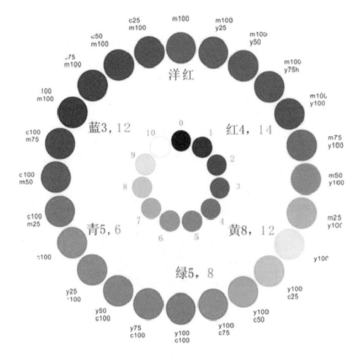

图 4-71　配色色环

颜色通常分为三原色，也就是"红、黄、蓝"这三种不可通过调和而产生的颜色，也会出现连接原色的颜色，我们将其称为"间色"，甚至有时会出现更高级的复色，也就是 3 种或 3 种以上色彩相调和所产生的色彩。

设计师在进行界面配色时，多数情况会绕开原色而使用间色，甚至是复色，这主要是为了避免因使用较纯的颜色而造成用户视觉感受不佳。

**2. 色彩的 3 种属性**

色彩的 3 种属性（明度、色相和饱和度）是色彩最为重要的组成部分，并且也是构成颜色组成的核心元素。

**（1）明度**

明度泛指色彩的光源明暗程度，是由颜色的明暗变化来定位的。明度是无色彩系唯一具备的属性。不同的色相也有明度之分，其中，黄色明度最高，紫色明度最低，于绿、红、蓝、橙的明度相对比较接近。

以 Photoshop 中的拾色器为例，通常在拾色器中会使用"色相"模式来进行配色，在这个拾色器面板中，明度和饱和度的界限变得非常模糊。可以看到，当前配色面板的色彩明度基本上都是在朝着左上角（也就纯白色的方向）发展，越来越亮，如图 4-72 所示。

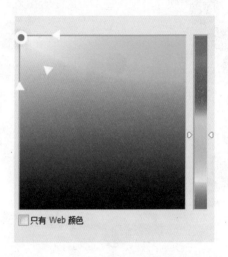

图 4-72　配色对色彩明度的要求

在配色时，有时也会使用到白色和黑色。例如，当我们试图为 Web 界面的导航栏进行配色时，就可以使用这种方案（见图 4-73），可以很好地区别导航，也可以做出半透明效果，这样就不会太过于刺激眼球。当前 Web 的导航栏分别使用的颜色在拾色器中的取色区域如图 4-74 所示。

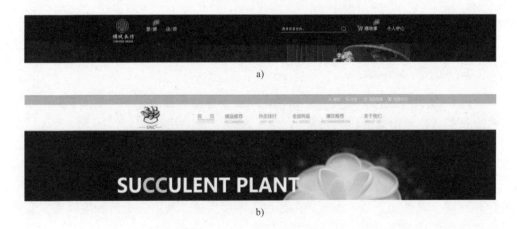

图 4-73　导航配色示意图

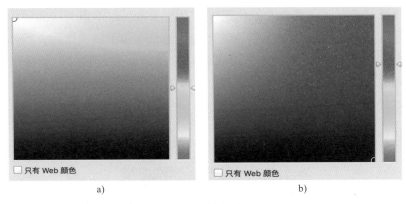

图 4-74  导航栏的取色

（2）饱和度

饱和度又称为颜色的"纯度"，一般是指色彩的鲜艳、浑浊以及饱和与清新的色彩调和程度。同一种色相的颜色会有饱和度上的区别，如图 4-75a 所示，同一种绿色由于加入了不同的白色，其饱和度就会产生很大的区别。

色彩的饱和度不同，对于人们眼球刺激的程度也会有所不同。一般颜色的饱和度越低，对于眼球的刺激就会越低，所以现在低饱和度的颜色会受到更多人们的喜爱，会给人内心的平静。

在进行界面设计的配色选择时，不要使用"脏色及纯色"，其实更多的还是对于颜色饱和度的选择和要求。下面以 Photoshop 中的拾色器为例进行介绍，如图 4-75b 所示。

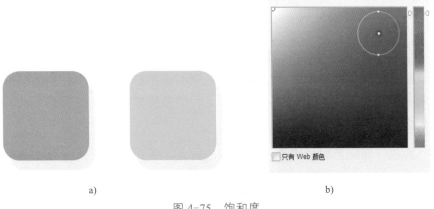

图 4-75  饱和度

a) 饱和度示意图  b) 拾色器中色彩选择示意图

在选择颜色时，通常会在拾色器中将其左上角到右下角之间画一条对角线（见图 4-76），对角线以下的颜色通常比较浑浊，一般不建议使用，所以我们把这个区域变成了灰色，靠近最右边缘的颜色是整个拾色器种饱和度最高的颜色，一般也不建议使用。剩下的非灰色区域的颜色就可以作为再设计页面时的选色区域使用了，通常效果会更好，也更适合现有"唯脏色与纯色不可用"的界面配色方向。

图 4-76　选色规则

界面的配色不建议使用高明度的配色方案的主要原因如下：

1）计算机屏幕的颜色饱和度太高会刺激眼球，使用户在查看界面时容易出现疲劳感。

2）计算机的屏幕本身就是发光体，在这样的环境中，高饱和度的颜色同样会给长时间使用和查看手机界面的用户很严重的不良体验。

（3）色相

色相一般是指色彩的相貌和种类，同时是色彩最大的特点。设计师使用到的色环就是根据颜色色相的切换来进行区别和连接的，也就是用于区别各种不同色彩的名称。其实，人们能辨别色彩之间的差异其实就是由于不同波长的光给人们造成了不同的色彩感受。

界面设计在配色过程中离不开色相的配合。下面介绍两种经常使用的配色方案。

1）相邻色的使用。相邻色通常是指在色环中紧挨在一起的颜色，如黄色的相邻色是橘黄色，橘红色以及暖绿色为主，如图 4-77 所示。

图 4-77　相邻色的使用示意图

　　这种配色方法是页面配色中经常使用的配色方案之一，可以起到丰富画面配色视觉效果的作用。由于其色相之间的距离并不是很远，所以对于眼球的刺激也很微弱，整体的配色效果也比较温和。相邻色是一种很不错的配色提供方案，颜色之间也可以近距离使用，使用合理会达到一种意想不到的视觉效果，也是比较容易掌握的配色方法。

　　图 4-78 中的 Web 界面就是利用相邻色进行设计的配色方案。一般设计师在选择相邻色配色时，通常会以一种色相为中心，向其两端延展 2～3 个相邻色相。

　　在使用相邻色时，一般会通过色块拼贴或相邻色渐变两种方式进行视觉表现。

图 4-78　相邻色的使用案例

　　2）对比色的使用。对比色是指在色相环中每一个颜色对面（180°对角）展示的颜色，也称为互补色。由于这两种颜色在色环中的距离较远，因此会给用户视觉上强烈的排斥感和跳跃感，这是一种具备"双刃剑"效果的配色方案，使用恰当可以很好地提升界面在配色方面的视觉冲击力，而使用不当会使当前页面的配色变得非常凌乱和刺眼。

通常比较经典的对比色为红与绿、蓝与橙、黄与紫，如图 4-79 所示。

图 4-79　对比色的使用示意图 1

一般设计师为页面的主色调进行配色时也可以基于主色调对比色的基础之上，结合相邻色的概念，延展出更多对比色系的配色方案。

例如，蓝色的对比色为橙色，橙色的相邻色为黄色及红色等，那么这些颜色也可以作为蓝色的对比色系来进行使用，从而起到丰富画面的作用，如图 4-80 所示。

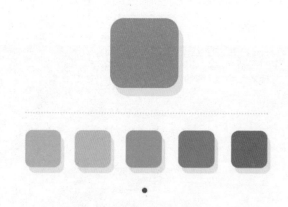

图 4-80　对比色的使用示意图 2

当界面中出现对比色的配色方案时，一定要注意以下几点：

对比色出现以及占据的配色比重要尽量少一些。一般对比色出现在页面中，更多是迎合当前页面的主色调点睛使用，适当调和即可。如果对比色占据面积太大，就会造成当前页面视觉效果太"花"。通常对比色占据整个界面配色中的 5%～10%的比重为宜。

对比色之间要通过无色彩系来分隔，其两者之间的距离要尽量远一些。如果两个对比色的距离太近，则给加剧对于人们视觉上的刺激，效果非常不好。对比色的使用案例如图 4-81 所示。

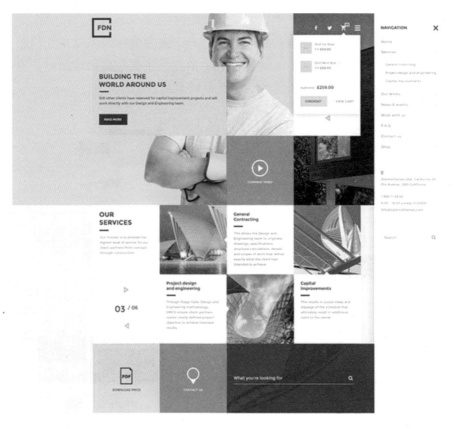

图 4-81　对比色的使用案例

不管是使用对比色，还是使用相邻色，当我们试图使用不同的色相进行页面丰富时，一定要控制好色相之间的饱和度，这样才能确保当颜色的色相发生改变时，其视觉效果不会凌乱。

3）色性。色性是指色彩冷暖之间的分别。其实颜色本身不具备冷暖效应，只不过是根据人们的心理感受和主观意识，将颜色分为暖色调、冷色调和中性色调这 3 类颜色。中性色调通常是指紫色、绿色、黄色及无色彩系，在页面设计中也经常被使用。

色彩的冷暖对比是界面设计最为常用的使用方法，视觉效果也最为出众。

① 暖色：主要有黄色、橙色、红色等。暖色一般用于购物类型网站以及

饮食服务类产品居多，给用户营造较为活泼、温馨、积极向上的感觉。

②　冷色：主要有绿色、蓝色、紫色等，常应用于科技、商务等相关行业的视觉表现，给人以严谨、稳重、清爽的视觉效果。

图 4-82 中的页面所展示的是餐饮类，为了刺激食欲以及体现饮料新鲜的产品特点，使用橙色比较适合。图 4-83 中的产品主要是休闲运动类，通过蓝色和绿色可以更好地突出其海洋周边的产品特点。

图 4-82　餐饮类网站案例

图 4-83　休闲运动类网站案例

通常在使用冷暖色作为产品界面的主色调时，也可以结合背景色来进行配合，这样效果会更好。

**3．配色方案的总结**

一般在确定界面主色调时，通常会根据产品的行业特点、用户人群及企业的视觉形象来确定一种主色和当前主色所配合的辅助色构成界面的配色方案。

一般来说，将色彩按功能划分为主要色、辅助色、点睛色三大类。在界面配色中要严格遵守"色不过三"及"脏色纯色不可用"的配色原则。

在这些色系当中，要按照其存在的比例进行合理调配，其效果才会达到最优的状态。

除去无色彩系，主色调通常占据整个界面颜色的 70%左右，而根据主色调所确定的相邻色占据整个界面配色的 20%～25%，剩下的对比色占据 5%～10%。以蓝色为例，如果确定了所设计的页面颜色是以蓝色为主，那么其配色方案如图 4-84 所示。

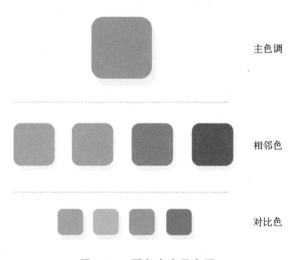

图 4-84　配色方案示意图

这里，重点强调一下主色的关键性。主色决定着界面的设计风格，是连接产品功能的情感元素，任何色相都可以成为产品的主体色。因为每种色彩表达的色彩文化是不同的，所以主色也是作品的文化方向，这就需要我们在设计初期对产品项目深度分析后，提炼出最为合适的主色对产品进行定位。在不同的界面设计、不同的媒介设计中，主色运用规律各不相同。

例如，在界面设计中，主色通常会用于结构和装饰之中，有效地统一了产品的传播性。在 Banner 和海报里，主色多用于背景，起到强调突出的作用。

站在用户的角度来看，为了使用户可以快速、方便地找到所需要的东西，一般来说，主色在首页中会大面积使用，而二级界面则会更多放到关键的操作点中。

如果从产品本身来说，在使用主色时，会更多地考虑页面的内容关系，更多地关注产品的功能作用。从视觉方面来看，当我们要选择高饱和度的色彩作为主色时，必然要考虑用户长时间观看是否会造成视觉疲劳。

视觉设计师要学会从对比色中寻找辅助色。一般来说，大家会简单地认为面积大的颜色就是主色。其实不然，大面积饱和度低的颜色更容易被小面积的高饱和度的颜色抢镜。所以，我们一般会选择纯度高的颜色作为主色。在界面设计中，互补色的使用会给用户带来强烈的视觉冲击力，情感表达会更加丰富，这是传播情感的最直接的方式，一般来说适合比较夸张的场景使用。当用户长时间观看时，容易产生视觉疲劳，那么我们要通过合理的搭配，控制其使用面积，多数用于核心的地方。

常用的配色方法有以下几种。

1）无色设计：黑白灰等无色彩系进行搭配，通常对图片选择、页面的布局结构及文字排版的要求较高。

2）冲突设计：主色调以及其对比色搭配的使用（如蓝橙、红绿、黄紫等颜色的搭配），在使用时要注意对比色的使用量要少，并且远离主色调。

3）单色设计：色相保持一致，仅利用其明度变化来使用，一般此配色方案较为小众，同样对页面布局、文字排版及页面细节营造的要求较高。

4）相邻色设计：相邻色设计通常以红橙、黄绿、蓝紫、蓝绿、黄橙、红紫等颜色配合使用，丰富页面的同时也不会对于用户的眼球造成刺激。

## 4.4　如何凸显网站的价值

作为一名设计师，首先要有自己的态度，要站在产品经理的角度看待产品，研究用户需求，表达出客户想要的效果，还要站在前端工程师的角度考虑网页设计的可操作性和实现效果，站在开发工程师的角度考虑整个网站的开发难度和后期数据的传输方式，站在测试工程师的角度看自己的产品是否方便使用，站在运营和维护人员的角度考虑产品后期的维护和更新是否便捷。

营销策略是企业以顾客需要为出发点，通过对市场环境、消费者心理、产品优势等分析，通过线上线下多种方式进行推广，为顾客提供满意的商品和服务以实现企业目标的过程。网站流量即网站的访问量，也是对网页用户数量以及用户浏览的网页数量的指标。

网站转化率＝交易量／访问量，提升网页转化率也是对网页的一种推广方式。网站的转化率高，对于企业来说，可以增加额外收益、提高曝光率、提升品牌形象，让更多用户了解公司及公司产品。

网站的推广可以通过多种渠道，如视频、邮件、口碑、品牌、社群、公众号、平台等推广。

## 4.5　网站建设与设计的实践和总结

前后端合作的主要目的就是让后端把数据置入前端开发的模板中。前端开发实现的是界面的布局方式及浏览器展示方式，后端开发实现的是数据库以及各种模块的增加、删除、编辑等信息的整理。一般合作方式有以下两种方式：①前端开发的模板交给后端处理，直接写到后端的逻辑中去，或者通过框架整合成后端的相对独立的部分。②后端的数据通过 API 的方式交给前端处理，通过 Ajax 等方式传输数据。如果采用了第二种方式，一般都是前端开发静态页面模板，然后交给后端的开发人员进行功能整合，功能整合后需要后端人员进行页面的校验和调试，一般都是团队协作，要求也很高。校验和调试一般是对整个项目框架的 bug 测试和功能需求逻辑的测试，并且需要撰写用户使用文档，最后交给客户。采用前端处理数据、Ajax 等方式通信，前后端只要商量好所需的 API，然后持续交付一个个 API 就好了。前后端完全不需要了解，技术没有限制，也不需要知道彼此的代码和实现。两种方式的选择方法如下：

1）如果前端页面主要做内容展示，则需要后端处理的内容比较多，而前端逻辑简单时，建议采用后端 MVC，如博客、新闻类的网站。

2）如果前端页面的交互和数据处理较多，则可以将逻辑放在前端，而后端只负责数据存取。

# 第5章
# 移动设计从业者的职业发展和规划

随着互联网的迅速发展，很多传统企业的经营理念也遭遇到挑战。市场的发展趋于全球化，市场也被细分成更小的但更专业的垂直领域。技术的进步与创新带来了翻天覆地的变化，消费者已经不满足企业提供的产品，而且有了更多个性化的需求。企业因此也面临了多方面的挑战，用户需求、供应链、服务等不得不做调整，以更快地推出新产品。

企业要针对消费者的需求进行及时有效的调整。企业要想在市场上生存，必须有一个强有力的竞争战略。战略是方向性的说明，并不是行动计划。一个战略的方向由以下4种选择组成。

1）领域：所要服务的市场和目标客户。

2）优势：企业区别于竞争对手的定位。

3）通道：有效的沟通和消费渠道。

4）行动：从事行动的范围和规模。

# 5.1　市场对于产品的驱动力

## 5.1.1　市场驱动的定义

企业通过市场调研、消费需求、目标市场、提供产品或者服务来满足产品需要。以前企业对于产品的定位更多的处于产品功能本身，但随着社会的快速发展，消费者已经不满于基本功能，对产品背后的文化、设计理念、环保等概念的呼声越来越高。所以，如果企业不能够提供相应的产品，那么很快会被从竞争激烈的市场环境中淘汰出去。

消费需求主要包含以下的内容：

（1）现实需求

消费者有购买欲望，并且有一定的购买能力，如日常生活的食物、生活用品、交通出行等。

（2）潜在需求

1）主观性。潜在需求的产生是源于一种心理活动，是用户受到某些生理或心理因素影响与周围场景不太融洽而产生的一种不平衡状态，并将其暂存于自己的潜意识当中。

2）并存性。既然是源于一种心理活动，那么这种潜在需求不具备明确的指向性。它可能是某一层次的需求，也可能是某几个层次都有的需求，但是这种需求会在特定时期占据主要地位。

3）转化性。需求是一种心理状态，它的产生会让用户产生一定的心理倾向，进而在合适的外界条件下转化为行为。针对这样的需求，就必须设计恰当的场景才会让其转变为有效的行为。

开发潜在需求的意义有以下几点：

1）大企业拥有雄厚的财力、先进的技术，只要充分了解用户需求、把握市场动态，就可以在市场中占据领先地位。

2）中小企业为了生存和发展，就要去满足用户的潜在需求。因为潜在需求不会形成强大的竞争力，这类需求往往存在于大部分企业都不太重视的蓝海部分。

3）企业不仅仅是满足了用户的潜在需求，而且在情感方面也接近了用户，创造了"粉丝效应"，更容易拥有忠实用户，给之后的运营打下了坚实的基础。

对于目标市场来说，通过细分化市场后的垂直领域，精准定位消费人群。例如，按照对手机的需求不同，可以分为高配版、中配版和低配版 3 种不同的消费群。有些用户关注手机本身的实用性，有些用户关注手机的质量、价格，还有少量的用户需要美观、轻巧、耐用、高配置的手机。针对某一个单一消费群体来确立目标群体，会受到消费者的欢迎，从而迅速地提高市场占有率。

## 5.1.2　驱动市场时应该满足的条件

（1）创新型人才

人才是企业成功的基石，人才推动创新的发展。在当前的 UI 设计这个行业中，特别缺乏创新型人才。UI 这个行业不再是普通的电商美工或者只局限于视觉设计这样的技能，更多的是需要掌握用户体验以及敏捷开发和服务设计的人才，以促进互联网行业快速发展，引导互联网企业拓展国际市场。

（2）思维模式创新

例如，我国政府提出的"互联网＋"等行动计划，呼唤思维走出局限、实现突破。这几年的物联网、大数据等技术都影响了人们传统的一些思维方式。

（3）有效的落地实施

任何好的项目如果不能够落地执行，则很难经得起市场的考验。

（4）良好的广泛性传播（口碑）

产品的功能出色，但是如果只有少数的用户买单，则很难进行广泛性的推广。

（5）资金充足（可以是外部资金）

有了优秀的人才和研发能力之外，还需要持续的现金支持来维持企业的发展。从产品的研发到生产到最后落到消费者的手上，所有的中间环节都需要企业投入相当多的资源，其中最多的就是资金。

（6）技术迭代迅速

每一次技术的迭代都会对人类的认知造成翻天覆地的变化，从生活、工作上改变我们固有的方式，让我们的效率更高效、体验更美好。

（7）成本控制

小米公司通过打通配件厂商的供应链来给消费者提供价格低廉的产品。

（8）良好的企业文化

良好的企业文化能够让企业更稳定，为消费者提供稳定持续的产品。

（9）深入的调研分析

所有的产品都要经过精确的市场调研分析，通过大量的市场调研数据，为市场投放精确的产品。

### 5.1.3 企业驱动市场的策略

企业驱动市场的策略如下：

1）产品定位人群。

2）将部分资金成本转移，如产品的宣传或者运输。

3）降低库存。

4）给消费者丰富的体验。

### 5.1.4 完成产品市场驱动的因素

（1）需求差异减小

随着科技的不断发展和交通工具的普及，受市场全球化的影响，各个国家的用户的生活方式的差异性也是越来越小。

（2）标准化

通过职业、年龄、收入及教育背景来甄别用户群体。消费者对全球标准化的产品需求度逐渐提高，如全球连锁的超市、家居。

（3）全球市场

全球市场趋于地区化，如亚洲以中、日、韩三国为主要区域，整个市场提供的产品和服务都很相似。

## 5.2　视觉设计师的自白

设计最根本的就是解决问题，在解决问题的过程中，人们也会不断地总结和提炼自己的方法。

当人们开始不断地在生活和工作中追求高效便捷的体验时，设计师这样的一个职业也就随之诞生了。很多的营销及设计方案提供商的出现，其实就是在满足用户及企业的各种需求。

解决问题一直是设计最根本的目的，但是随着时代的不断更新换代，人们也在不断地改变解决问题的方法和实现技术。随着互联网的不断发展，移动互联的崛起和普及再到虚拟技术开始崭露头角，用户的生活方式也在不断地发生变化，早期的支付验证方式是通过银行卡及外接验证设备而完成，现在我们更多的是通过指纹，甚至人脸识别和虹膜识别来实现快速安全的支付验证方式。

设计也正是服务于用户的全过程，每一个利益相关者都是设计师需要考虑的元素。

其实对于设计师的成长来说，归根到底还是设计思维的积累，其实施的过程是由内而外地进行发散，最终落地的还是对于人性的研究，对于欲望及需求的合理转化与满足。以互联网界面设计为例，从"人性的设计"到"视觉的设计"，其理解是不一样的，我们可以有幸地看到一个从抽象的需求到具象的产品落地的全过程，产品中每一个控件的位置、每一笔色彩的谱写，无疑都是对于用户需求的不断满足。

设计并不是无中生有，它来源于非显性的思维层面，最初本是无形的和抽象的，人脑通过抽象的方式提取出事物最真实的、最重要的、最具代表的内容特征与功能需求，再通过显性的方式来进行具象的表现。就像最初的用户调研一样，我们需要明确用户的需求和想法，这样才可以主导后期的一切设计行为，并且保持其方向的正确性。

所以，敏锐地发现需求和问题是极其重要的。好的问题经过思考之后往往都会得出优质的结论和答案，所以设计师想要快速准确地得出解决问题的方法，学会去发现一个好问题也是至关重要的。设计的过程更多还是内心的碰撞，并不是单纯靠各种所谓的技法去修饰与解决，视觉只是最表象的部分。这就是设计师"用心看"与"用眼看"的差距，也就体现出了"用心做"和"用手做"的区别。所以，"心眼合一"才是作为设计者产出好作品的根本基石。

我们对于设计的追求与发展并不是仅仅停留在表面的一种单纯的"视觉设计"，而是建立在有效的方法论以及设计思维端的背后来完成与支撑的。利用敏捷设计来快速推出自己的新想法和新产品，再不断地利用"细节设计"优化其产品的用户体验以及其利益相关者的联系，最终达到一个良性的"体验生态链条"，促成一个优化的"服务设计"呈现给用户。

利用 App 来传递信息也成为其重要的组成类型之一，应用信息组织架构来完成信息的快速传递是现在移动互联所要满足的重要目的。所以，这种 App 类型的任务就是在信息与用户之间建立一个通道，使用户能够快速地获得其想要的信息。

对于移动互联来说，其影响正在逐渐深入到人们生活的每一个细节中，在这样的一个时代之下，用户和人性受到空前的发掘与尊重。其实对于设计来说，这无疑是最好的时代，并且对于设计师本身来讲，其面临的挑战也是很大的。

对 UI 设计师来说，其实是需要在用户、视觉、开发和思维等众多因素中寻求平衡。

用户需求是产品的灵魂，而产品设计就好比是产品的骨架。好的产品构架和组成元素能够给一个产品带来坚实的基础和后盾。

通常有以下 4 种信息架构类型。

1）浅而广：类似于淘宝、微信、京东等效率型应用，满足于碎片化的使用时间和使用场景。

2）浅而窄：类似于雅虎天气，墨迹天气为主的工具型应，其特点是功能较为单一，交互层级较浅，并且用户学习成本很低。

3）深而广：应用信息量和信息的种类都较多，所以需要产品能够具备有效的信息管理以及个性化的信息推送能力。

4）深而窄：类似于微博，可以把若干页面分为首页、消息管理、添加及好友管理等几类功能完成信息的管理与推送，这类 App 的信息种类会比较单一。

那么，产品的灵魂从哪里去探究呢？那就要看产品定位下的用户所具备的特点了。对于这个角度，垂直领域细分可以很好地优化这一过程，通过对于用户需求的不断探究与满足，可以使得整个产品的设计过程变得更加通畅，在人机交互、操作逻辑、界面美观的整体设计中有迹可循、有法可依，并且不断地完成"细节设计"，形成让用户从可用、易用到爱用，甚至是用户黏性的体验过程。

对于用户体验来说，让用户在使用产品的过程中能够切实地感受到能解决他们的实际问题，以及让问题更容易被解决，最后留下深刻的印象和极好的主观感受，那么这就是一款可以被称为"好产品"的使命与责任。

此时，这已不仅仅是一款单纯的产品，而是贯穿整个用户体验的"生态链条"，让用户由产品、服务所引出的物质与情感中所包含的亲眼看见、所得、所接触、所交流以及所感受都能够达到同步的综合体验。

对于视觉设计，更需要对于用户的特点以及行业的特征去完成视觉设计。对于视觉设计师来说，满足与塑造用户界面更多的灵感其实是来源于平时不断的观察与积累。

思考和总结总是会给人带来意想不到的收获，想做到这一点却实则不易，需要的是从业者能够热爱设计这个行业，能够真正放空自己的内心去设计。

真正的设计与创新并不仅仅是一个看似"从无到有"的过程，更多时候是靠设计师的思考与不断的探究，从抽象到具象，从量变到质变的过程。

设计更多是从一个恰逢其时的"idea"到最终的产品能够落地，是一个把从抽象的、无形的想法通过各种科学的方法以及设计思维将其一步一步地具象化、可视化。以 UI 设计为例，突破其表面的视觉界面，其背后是靠着对于用户的不断研究，对于需求与痛点不断满足而支撑的，服务与用户才是其产品最终的灵魂。视觉设计只是用户需求和产品特点最终的呈现效果，是整个设计流程中最为表象的一项工作流程。

　　国内很多的设计从业者进到 UI 设计这个行业，单单是从视觉设计为跳板来完成入行，甚至会单纯地认为设计其实就是把图做好这么简单。出现这样的问题其实还是源于自己对于从事行业的思考不够深入，在进入瓶颈期时也无法给自己一个正确的解决方法，而这种现象是现在国内设计行业普遍存在的问题，缺乏思考与垂直的技术挖掘。对于产品，需要在用户需求、功能表现、视觉效果以及开发成本之间寻求平衡点。对于界面，设计师要去平衡规范性与艺术表现，说得再细一些，文字的大与小、线条的粗与细、图片的明与暗都是每一位视觉设计师需要平衡的设计元素。

# 第 6 章
# 关于产品的运营方法

## 6.1　产品运营介绍

随着移动互联的不断发展，各行各业基本上已经被成型的手机应用所占据。现今的移动互联时代对于手机应用来说，如果对于用户所起到的服务模式一致，则行业需要的已经不是重新对于用户完成新产品设计和开发，而会把重点放在对于现有产品不断地迭代与再升级，以便于来满足用户不同阶段所诞生的新需求。

对于新的产品来讲，如何能够使得新投放到用户和行业的手机应用快速地被用户所熟知，就需要我们在产品上线之后对于其进行相对应的"运营设计"来实现产品对于用户的曝光、拉新及后期的促活，最终能够实现产品的盈利。

运营的加入其实对于产品的设计全流程形成了一个非常完美的"闭环"。在产品运营阶段，针对的用户群会更加细分，可以大致分为新增用户、潜在用户、固定用户、核心用户和边缘用户这几类用户，完成产品的人工干预，以便于产品更好地为用户服务，稳定并逐步扩大产品的固定使用人群，并且提高用户的使用黏性。

通常现有的互联网企业针对已经投入使用的产品均会有专门的运营团队来对产品进行不断的维护与版本的更新迭代。

一般来讲，产品运营设计的流程可以分为曝光、拉新、促活、盈利这几个组成部分，如图 6-1 所示。

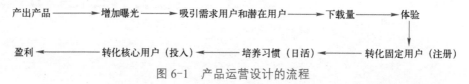

图 6-1　产品运营设计的流程

提及运营，首先关键的一点是使用户和产品通过建立一个很好的平台，从而产生一种信任感。一方面，不仅可以扩大产品知名度，增加用户量；另一方面，用户在使用产品时更多地会产生尖叫点。从广义的角度来说，一切围绕着网站产品进行的人工干预都叫运营。通过人工干预的手段，在产品完成上线，进而取得数据的回收和完成产品升级。运营的最终目的是让用户使用我们的产品，从而让产品盈利。

如果从类别上划分，可以把运营分为市场运营、用户运营、内容运营、社区运营和商务运营 5 类。

1）市场运营：在市场环境下，通过曝光产品的知名度，进而增加产品的用户下载量。对于市场运营来说，产品知名度的传播速度快、效果明显是它最重要的特点。最常见的市场手段有互联网媒介使用、新媒体宣传、传统媒介的利用以及拉活动赞助。前期需要企业投入大量的时间以及金钱来扩大产品的知名度，进而吸引用户，对产品产生触发和使用，这也是市场运营的目的。

2）用户运营：更多的是一种以用户为中心的运营手段，目的是通过拉近与用户的关系，进而引导用户使用产品。在这个过程中，需要运营工作人员不间断地与用户进行交流，这不仅可以及时帮助用户解决问题，还能对产品产生积极宣传的作用。

3）内容运营：更多的是需要文案人员通过内容的编辑整合对产品进行积极宣传，以此诱导用户使用产品，从而使用户和平台之间搭建一个良性循环的过程。例如，用户在使用产品时，通过分享这一功能使得产品得以宣传，如图 6-2 所示。

图 6-2　内容运营

4）社区运营：对于在社区中的消费者，通过一些活动手段进而使得用户使用产品。

5）商务运营：这种运营方式大多应用在基于商务模式的产品中。最常见的是商务扩展和销售。例如，商场企业招租和一些购物类的 App 中，不仅要给用户优惠，还要给企业提供一定程度的优惠，以运营的手段留住商家。这一切的目的都是为了吸引用户进而留住用户，大多企业产品都是利用这种手段的运营模式。

总而言之，运营的最终目的是让产品能够更持久地生存，从而使企业产生盈利。

## 6.2　产品运营包括的内容

从基础内容层面上来讲，运营的过程就是在拉新、促活和留存。具体来说，就是不断吸引新用户或潜在用户使用产品，通过一些运营手段来提高用户使用产品的活跃度，最终让用户持续地使用我们的产品。这是一个循环的过程，以此延续产品的生命周期，使产品得以生存下去，不断地覆盖广大用户群体。

1）拉新：通过使用产品吸引新用户。这里的新用户不仅仅指一些初次使用产品的用户，还包括目标需求用户和潜在用户。拉新的方法手段有很多种，如广告宣传、话题讨论等方法。

2）留存：简单地说，就把吸引来的用户留下来持续地使用产品，这就需要我们运用多种运营手段（如社区运营），以此确保用户乐意使用产品，进而转换成我们的固定用户群体。这是在运营过程中保证运营得以顺利进行的重点之一。

3）促活就是促进用户的活跃程度。这是直接反映用户对我们产品的依赖程度的重要数据来源之一。为了让用户持续地使用我们的产品，需要在这个持久的过程中，不断完善用户激励体系，结合多种运营手段，刺激用户使用我们的产品。

# 6.3　产品运营需要做什么

（1）寻找用户

寻找用户的前提是我们必须熟知我们的产品，然后进行用户画像、调查、需求分析等工作。这些用户可以是目标用户、潜在用户、沉默用户。

（2）以用户能接受的成本吸引用户

换句话说，就是让用户通过我们的产品，自己主动进行产品的市场投放、渠道拓展、商务合作、内容编辑、社会化媒体策划活动等。

（3）关注沉默用户

当用户不使用产品时同样要保持关注联系，并且及时反馈信息，随时要召回沉默用户。

# 6.4　产品运营的常规流程

（1）产出产品

进行运营工作的前提是先让产品上线，进而开展之后一系列的运营工作。

（2）增加产品的曝光度

增加产品的曝光度其实就是扩大产品的知名度，方法有很多种，如前期广告宣传，目的就是让更多的用户了解我们的产品。

（3）吸引需求用户和潜在用户

通过市场运营的手段，利用产品特色功能和内容吸引用户，使用户可以对产品产生触发和使用，提高用户参与度，对这些用户采取奖励机制，让更多的用户使用产品。

（4）增加下载量

在前期工作的铺垫之下，下载量无疑是鉴定前期工作的完成质量的标准，下载量的数据直接反映了用户对产品的关注度。

（5）体验

体验是检测用户是否愿意持续使用产品的重要环节，也是用户体验的核心点。

（6）转换固定用户

固定使用人群的转化，最好的解决办法就是产品必须设有注册功能，从而使用户自发对我们的产品进行深度了解，这也是促进日活量的一个有效方法。

（7）培养用户习惯

培养用户习惯其实就是在培养用户使用产品的习惯，最直接的体现就是日活量的增加。

（8）转化为核心用户

在用户养成使用产品的习惯之后，进而就是将用户及时转化成产品的核心用户。

（9）盈利

盈利是运营的根本目的。

## 6.5　关于产品的用户成瘾模型

用户成瘾模型是培养用户习惯的关键所在。在用户成瘾模型中，主要分为以下 4 个步骤：触发机制、行动、奖励和投资，如图 6-3 所示。

图 6-3　成瘾模型

1）触发机制：这是引发用户采取行动，进入产品系统的契机。触发机制又可以细分为外部触发和内部触发。

① 外部触发：我们可以通过邮件、链接、消息推送或图标等方式引起用户的注意，从而使用户开始使用产品。

② 内部触发：内部触发一般在系统内发生，形成于在用户使用产品的过程中，持续地诱导用户使用产品。

2）行动：一般指用户有预期的操作行为。这是模型里重要的一部分，因为要驱使用户采取行动，所以必须考虑产品设计的易用性。

3）奖励：这一步是使用户上瘾的关键。原因很简单，通过奖励可以使用户得以留存，进而提高日活量，还能提供多样的潜在奖励去保持用户的兴趣。就用户而言，得到奖励可以吸引用户再次使用我们的产品。这就需要我们在此过程中，除了使用传统的反馈闭环外，还要提供多样的潜在奖励去保持用户的兴趣。

4）投资：在这一环节中，更多要求用户投入对产品的使用，如时间、金钱等一系列投入形式，或者通过分享来邀请其他新用户的加入。

从图 6-3 中可以看出，这 4 个步骤是一个循序渐进、层层深入的过程，同时也是一个无限循环的过程，我们需要做的就是使这个过程朝着良好的方向迈进，促使我们的产品不断更新改进，为我们带来盈利。

# 6.6　用户与产品之间的关系

如何运营，首先要了解用户与产品之间的关系，如图 6-4 所示。

金钱、时间的投入和依赖用户
等级来体现其特权性质

**②**

**用户**

**产品**

**①**

**核心功能的免费体验**
**完成重要操作后进行奖励** （注册、分享、支付、PK竞赛）
**虚拟奖励** （等级、虚拟装备）
**实体奖励** （线上呈现、线下呈现）
**个性化服务** （针对不同的用户及情况准确推荐）

图 6-4 用户与产品之间的关系

　　具体来说，首先，产品的核心功能必须能够让用户免费体验，目的是扩大产品的知名度。其次，我们需要将用户转为固定使用人群。总体来说，我们的出发点都是以用户的出发点为核心，站在用户的角度思考问题，解决用户的痛点问题，从而牢牢地抓住用户心理。

　　产品和运营之间的关系如下。

　　1）运营的发展取决于产品的质量。虽然在产品规划初期已经确定了产品的质量和发展方向，但是如果后期运营没有很好的发展，再好的产品也有可能面临淘汰。那么产品的基础素质也就是运营发展的最基本要素了。

　　2）产品的不断进步来源于运营的挖掘。在运营过程中，为了达到商业化目标，为我们带来盈利，我们会对产品适时提出相应的改进和更新，这一过程也是产品的自我提升过程，以期达到更好的用户体验。

　　3）产品和运营二者缺一不可。产品与运营的关系是不能分割开单独去理解的，二者相辅相成，共同促进，共同服务于用户。运营会促进产品的更新换代，不断朝着新的方向发展；而新升级的产品，又能继续给运营更多资源，最终为我们带来最大化的商业利益。

## 6.7 关于互联网企业中的运营岗位

在互联网行业中，"运营"岗位可以划分成很多细节岗位，这里重点介绍一些运营相关工作岗位。

1）新媒体运营：随着社会化媒体、自媒体平台的兴起，随之产生的一个新的运营岗位。它的工作内容是负责活动策划、新媒体账号的维护，及时关注对应的粉丝数量以及对粉丝活动的一系列维护工作等。

2）广告投放运营：及时分析各广告分发平台的相关数据、推广形式等，并结合产品进行相关活动策划方案的制订，不断调整，用最少的成本达到最优效果，以此优化用户来获取成本。

3）App 商店运营：通过与应用商店间的对接，来完成我们的 App 发布、上架的工作流程。我们在做好产品能够在应用商店的正常运营下载过程中，还要不断维护好与相关负责人的关系，通过各种渠道的不断推广宣传，用我们提前制订好的策划方案，提高我们的推广效率，以此使我们的 App 更好地发展下去。

4）编辑：对相关内容经过筛选、审核之后，做出相关内容功能的推荐；然后对这些内容展开进一步的信息完善和改进，从而进行再次策划宣传，对于重点内容可以制作出相关专题内容。

5）搜索引擎优化和营销运营。搜索引擎优化的主要工作职责是：通过研究搜索引擎的搜索结果，制订相关搜索热词的匹配方案。这一切的前提需要工作人员熟练掌握网站信息架构和内容，最终使我们获得更多流量。

搜索引擎营销的主要工作职责是：通过分析与产品相关的搜索关键词，做出相关关键词在搜索引擎中进行相应的广告费投资，从而获得更多流量。

# 第 7 章
# 产品设计的核心与总结

## 7.1 关于移动产品设计的流程与核心

被用户所需要的一切事物都可以称为产品。其实在移动互联时代中，产品的定义被更加扩大和宏观化，我们所说的互联网产品更多的是指满足于被服务用户的网络以及给予互联网媒介的服务承载工具，也可以说，是"产品"在传统意义上的延伸概念。

随着移动互联时代的发展和带动，很多移动互联产品开始进入人们的视线，并且成为广大用户生活、工作及学习不可或缺的工具。

下面总结一下移动产品和移动互联以及用户之间的关系，来推出移动产品设计的核心是什么。

首先，通过移动互联来分析一下移动产品与传统互联网产品之间的区别。个人认为，移动产品与传统互联网产品最大的差异在于使用环境和场景的差异以及设备大小之间的不同，并且在这种差异的影响之下会导致很多不一样的设计方式和处理办法。

在我们所熟知的移动互联信息传播媒介中，主要是以移动终端的出现来进行产品以及服务的承载和信息的传播。随着移动互联时代的发展，这些移动终端的行列中包含了如智能手机、平板电脑、智能手表等设备，并且逐步地成为用户生活、工作当中的必备工具。

通过对于费茨法则的研究和阐述可以发现，决定移动产品的用户体验和产品的质量优劣包含了很多的元素，如产品的功能和用户交互流程，移动终端的系统以及硬件的属性，产品的用户界面的风格，以及用户界面当中的功能控件的大小及手指操作的区域，甚至是位置之间的关系，都有可能影响移动产品带给用户的体验和感受。

移动产品的特性如下。

（1）移动产品界面精致

用户一般使用的计算机屏幕的尺寸是很大的，使得 PC 网页产品具备较充足的展示空间和界面区域来完成信息的呈现。所以，网页界面的信息承载量往往会比较大。

（2）使用场景的碎片化

用户在使用或者访问 PC 端网页界面时，更多的情况是坐在计算机前浏览信息，并且使用鼠标和键盘等外接设备完成操作。一般对于用户来讲，这种使用场景通常来说是简单而固定的一种使用场景。但是用户在使用智能手机时，使用场景的碎片化就显得非常严重了，用户可能在任何的地点场合都会使用到该终端以及各种移动产品。如此复杂的场景以及不稳定的网络环境，需要移动产品的设计者考虑的因素也会变得非常复杂和多元化。

（3）使用时间的碎片化

用户在使用计算机时大部分时间还是相对固定的，并且使用的单位时间通常较长，一般有 30 分钟以上完整的时间在进行 PC 端的操作。但是移动端就会有很大的区别，基于移动产品使用地点的碎片化，我们可以清楚地看到，由于用户总在不断地移动，因此在使用手机时就很可能要随时随地观察周围的情况，甚至是有些时候要彻底解放用户的双眼。因为随时有可能出现中断现在操作的情况，所以用户使用移动产品的时间是不可保证的，并且碎片化也很严重。有的时候用户操作中断后再回来继续完成操作，有的时候用户操作中断后就不会回来了。所以，基于操作"中断"这种情况而进行的设计和处理方式在移动产品中受到了非常多的重视。

例如，在用户乘坐地铁或者电梯出现信号不好的情况时，是否要考虑各种网络情况带来的问题以及由于网络环境不好所导致的操作中断进行自动的记忆和存储，在移动产品的设计中都是非常有必要的。

正是基于这些特点也就造成了投放在移动终端当中的产品通常都是以效率型应用为主，以便于能够在各种复杂的场景和短暂的操作时间当中去快速地解决用户的问题。所以，也就出现了专门运用在移动产品的可用性原则来优化移动产品更好地服务用户。

通常移动产品在进行设计和研发时，要经历以下的工作流程。

1）移动产品的定位以及产品所服务用户的深度分析包括谁是我们的用户，以及用户的需求和痛点是什么。所以，产品一开始的用户定位和用户的需求会决定我们产品未来的主要功能以及和同类型产品的差异化，并且在产品初期的设计和规划中总结出我们产品的主要功能是什么。

2）基于用户的需求而展开的产品核心功能的提炼，通过竞品分析完成产品与同类型产品之间的差异性和自身的竞争优势。

功能设计的关键是要找到影响用户体验和满足用户需求的关键性因素，从而进一步确定移动产品的核心功能。移动产品的核心功能基于移动产品效率型和轻量化的特点通常只能有一个，核心功能强大与否是产品在后期投放并是否能够很好地服务于用户的关键。所以，在进行移动产品功能罗列与对比时，做好竞争分析很重要。首先要学会借鉴同类型的好产品，并且通过分析在具体的操作流程上面做创新和差异化的设计，也就是行业中所提到的"细节性设计"的精髓。

① 移动产品的功能流程和交互设计。基于上述内容总结的移动产品的特点可以看出，产品核心功能在用户具体操作的过程中也要充分考虑到移动产品使用的时间、地点以及网络环境的碎片化，从而要将移动产品的交互流程更加的轻量化，表现在如何能够减少页面跳转、减少用户的操作和学习成本以及手

指肌肉拉伸的程度。我们会越来越多地结合手指点击的方式，通过语音、指纹识别、眼动识别、动作捕捉等人机交互方式优化产品的交互方式，并且基于情感化的设计去完成产品的操作交互流程。例如，一致性、易学习性、趣味性等移动产品可用性原则在产品的中运用，如图 7-1 所示。

(1) 一致性
•视觉元素
•交互流程
•动效规范
•信息推送

(2) 减少页面跳转
•3D Touch
•大平移布局
•选项卡
•弹出框
•宫格瀑布流

(3) 流程交互完备性
•交互流程正负向
•可逆性原则
•控制的交互状态（前/后/禁用/不推荐）
•容错提示等级
•结合硬件振动
•全链路式

(4) 易学性
•功能闪屏
•操作引导
•视频语音
•用户习惯的延展
•动作捕捉
•动效引导

(5) 趣味性
•动效
•Loading Design
•打破同质性
•用户运营/社区运营

(6) 减少操作时间（接口）
•指纹识别
•人脸
•声纹
•虹膜
•语音

(7) 为中断而设计
•保存用户的操作，减少重复劳动
•衔接用户的记忆
•无缝切换不同设备的内容

图 7-1　移动产品可用性原则在产品的中运用

② 移动产品的视觉设计，视觉设计是存在于移动产品表现层中最为主要的工作流程，是基于用户特点，行业特征以及产品的企业形象而完成的高保真图的设计流程，对于不同系统平台的界面规范性的特点要严格遵守。并且还要完成和工程师对于产品视觉界面的交接工作，例如规范性说明文档的编写，切图文件的处理，基于手机屏幕等级的界面适配以及切图文件的命名等工作。

3）移动产品的运营和盈利。这无疑是移动产品的最终目的，基于产品对于用户的促活、留存以及拉新而展开的一系列人工干预的手段去完成产品的市场运营、用户运营、社区运营以及商务运营等运营模式来增加产品和用户之间的联系，如图 7-2 所示。

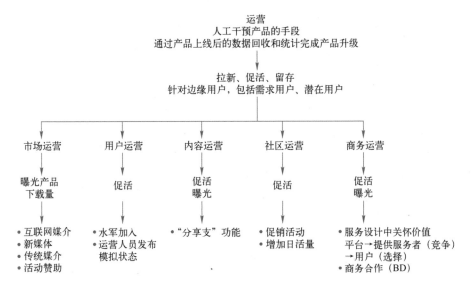

图 7-2　移动产品的运营和盈利

用户与产品的关系如图 7-3 所示。

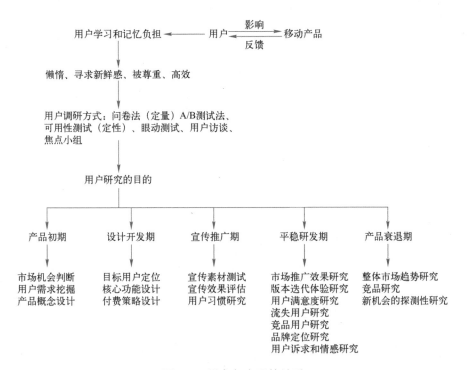

图 7-3　用户与产品的关系

由图 7-3 可以发现，用户和移动产品之间存在着影响与反馈的辩证关系。用户的需求影响着移动产品的功能、交互流程以及后期的视觉效果和风格展现。所以两者之间是相辅相成的关系，移动互联时代下的用户特点也是基于移动产品和移动互联的特点而展开和延伸的。在移动互联终端屏幕较小，并且使用的时间和场景碎片化现象严重等特点的影响之下，其用户会更加要求减少在体验移动产品过程当中的用户学习成本和记忆负担。移动互联下的用户通常具备的特点是懒惰、寻求新鲜感，以及用户在信息传递和接收上希望能够得到更多的尊重，表现在能够在高效的操作当中去完成对于产品的交互流程和信息的阅读与传递，即"个性化"的信息传递方式。

所以，移动产品是一个基于用户而不断迭代和进化的过程。移动产品设计的核心价值不是由系统单一决定的，而是基于用户而展开的一系列设计行为的最终载体。

## 7.2　移动产品设计的本质

在进行移动产品设计的过程中，我们需要搞清楚以下几个问题。

1）如何进行产品的定位与产品方向的决策？

2）如何精准地根据用户的需求转化产品的主要功能，从而根据"细节设计"的方法完成产品的功能划分和转化？对于"细节设计"来讲，更多的还是根据产品中具体的用户操作流程和细节去完成功能细节上的优化，以便于达到较好的用户体验。针对用户使用和体验产品的感受完成数据收集，并完成产品的用户体验。

3）如何在产品功能明确的基础之上根据移动互联的特点让用户的人机操作更加轻量化，节省用户的操作成本和学习成本？

这几个问题是在进行产品设计时需要高度注意的几个方向，也是产品后期投放到产品和用户群当中成败的关键。因为在进行产品前期调研时，我们需要通过市场特点以及市场的分析来确定我们的产品在后期投放到市场的可能性，以及产品投放到市场的存活空间到底有多大。所以这些无疑是我们在对于移动产品设计的前期要确定的问题，也就是这款移动产品到底该做还是不该做。因此，在进行产品的最初决策时，我们需要完成产品用户需求量的多与少的调查，如果潜在和直接的用户量太少，则需要考虑是否继续完成对于该产品的设计工作。

对于产品的"用户需求过程和场景分析"以及"用户需求的一致性"也是我们在前期进行移动产品决策的关键点。需求的全过程是指在特定的场景中完成和满足用户的服务所需要的元素组成以及用户接受服务的过程。目前，越来越多的产品用户体验设计师开始通过绘制"用户体验地图"来鞭策和指导产品的设计工作。"用户体验地图"其实就是对用户需求、用户情绪以及满足这些用户需求的全部人机交互机制的分析，以及需求流程中影响用户情绪变化的状态的图形化呈现。通过对于"用户体验地图"的绘制和讨论，设计师会很容易通过用户需求的全流程进入用户的世界，亲身感受用户在模拟使用产品过程中的体验，并且推算和总结出用户的痛点。这个方法也可以更好围绕用户完成产品和服务，以及对用户需求全流程的进一步优化。

对于产品功能划分来说，其实就是对于用户需求和痛点最为直观的展示，就如同网站产品中的用户调研结果通常会通过导航来完成展示一样，而移动产品则是要通过用户需求的分析结果以及产品之间的功能竞品分析来得出我们所设计的产品是否可以在功能上达到取长补短的效果。功能设计要切实地体现核心功能的重要性，并且核心功能通常有且只有一个。所以，产品的核心功能往往是产品的灵魂所在。其实设计师在前期分析产品的功能时，通常会通过竞品分析来完成产品的功能罗列和划分，通过"细节设计"和"产品的关键因素"来确定产品的核心功能。

在用户需求分析的过程中，用户的真实需求才是影响产品用户体验的关键因素。就如同订餐类型的产品，用户使用这类产品的根本原因并不是要去订餐，用户最核心的目的其实是为了在最短的时间内吃到自己喜欢吃的、健康并且安全的食品。所以，这类产品满足用户需求的关键因素就是缩短时间。我们一般会从产品决策定位的结果以及用户需求分析来引导出产品中用户的需求与使用目的，并且通过产品的基础和主体功能完成体现，最终再考虑如何能让用户在操作该功能时，更加节省时间成本，降低用户的学习成本，这些才是产品前期工作的关键环节。

所以在产品功能的设计和总结过程中，设计师必须要准确地找到满足用户需求的关键因素，这就需要我们深入洞察用户行为以及用户在操作功能流程中的情绪变化。只有真正满足用户的需求才是最有价值的"用户需求"。只有切实抓住这重要的一点，才有可能增加用户对于产品后期的下载量和日活量，最终完成产品的盈利。

尽管对于产品来说，它的核心功能的可用性非常重要，但是其流程的操作并不能和产品的用户体验相提并论。所以，产品的用户体验和可用性之间具有非常微妙的关系，主要原因还是在于产品才是用户体验最直接的反馈。通常我们为了提升产品的用户体验也会通过优化产品功能和交互流程来实现。服务设计和产品之间的关系，如图 7-4 所示。

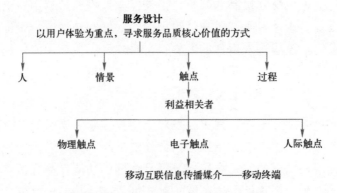

图 7-4　服务设计和产品之间的关系

当我们在产品的功能划分及交互流程上不断提升可用性，以及在不断的优化用户操作产品过程中的体验时，也要不断地关注用户使用前、使用中及使用完成后的体验，尽可能通过前期的调研以及产品的核心功能去全面地承载用户在服务流程中的每一个关键触点。站在产品设计的角度，甚至是站在服务设计的高度去切实地了解用户群的需求、操作行为以及他们最真实的体验和想法。

所以，无论是网页产品还是移动端产品，只有真正地抓住用户痛点，满足用户的核心需求，才是设计出一款好产品的关键所在。